Christian Zeppetzauer
Grünholzdrechseln

stv

Christian Zeppetzauer

Grünholzdrechseln

für Einsteiger

Leopold Stocker Verlag
Graz – Stuttgart

Umschlaggestaltung:
DSR Werbeagentur Rypka GmbH, 8143 Dobl/Graz, www.rypka.at
Titelbild: Mona Lorenz

Bildnachweis:
Mona Lorenz, Gmunden: S. 50; Sigmund Linortner, Strobl/Wolfgangsee: Seite 139, 156, 157. Alle anderen Bilder wurden uns freundlicherweise vom Autor zur Verfügung gestellt.

Bibliografische Information der Deutschen Nationalbibliothek
Die Deutsche Nationalbibliothek verzeichnet diese Publikation in der Deutschen Nationalbibliografie; detaillierte bibliografische Daten sind im Internet unter http://dnb.d-nb.de abrufbar.

Hinweis: Dieses Buch wurde auf chlorfrei gebleichtem Papier gedruckt. Die zum Schutz vor Verschmutzung verwendete Einschweißfolie ist aus Polyethylen chlor- und schwefelfrei hergestellt. Diese umweltfreundliche Folie verhält sich grundwasserneutral, ist voll recyclingfähig und verbrennt in Müllverbrennungsanlagen völlig ungiftig.

Auf Wunsch senden wir Ihnen gerne kostenlos unser Verlagsverzeichnis zu:
Leopold Stocker Verlag GmbH
Hofgasse 5/Postfach 438
A-8011 Graz
Tel.: +43 (0)316/82 16 36
Fax: +43 (0)316/83 56 12
E-Mail: stocker-verlag@stocker-verlag.com
www.stocker-verlag.com

ISBN 978-3-7020-1552-7

Layout und Repro: DSR Werbeagentur Rypka GmbH, 8143 Dobl/Graz
Druck: Livonia Print SIA, Lettland

Inhalt

Christian Zeppetzauer

Vorwort

Wo bliebe unser Handwerk ohne Holz – diesen wunderbaren Rohstoff aus den Wäldern?
Es gibt auf der Erde keine größeren und eindrucksvolleren Lebewesen als die zahlreichen Baumarten, die große Teile des Festlandes prägen. Knapp ein Drittel der Flächen von Deutschland und der Schweiz sowie fast die Hälfte des österreichischen Bundesgebietes sind von Wald bedeckt. Die Leistungen des Waldes sind dabei außergewöhnlich vielfältig. Er stellt nicht nur einen bedeutenden Teil unserer Kulturlandschaft dar, sondern bietet auch einen wichtigen Lebens- und Erholungsraum für uns Menschen und liefert uns Beeren, Pilze, Wild und nicht zuletzt Holz. Gesunde Wälder bieten uns zudem Schutz vor Naturgefahren und leisten einen wesentlichen Beitrag zur Qualität der Luft und des Wassers.

Ein naturnaher Wald ist außerdem ein artenreicher Lebensraum. Im Laufe eines Jahres kann sich das Zusammenspiel der Arten von Tag zu Tag verändern. Baumschicht, Strauchschicht und Krautschicht bieten sonnige und schattige, trockene und feuchte, nährstoffreiche und nährstoffarme Bereiche. Jungbestände gedeihen neben Alt- und Totholz. Diese unterschiedlichen Bedingungen ermöglichen es, dass eine Vielfalt an Lebewesen mit-, von- und nebeneinander existieren kann.

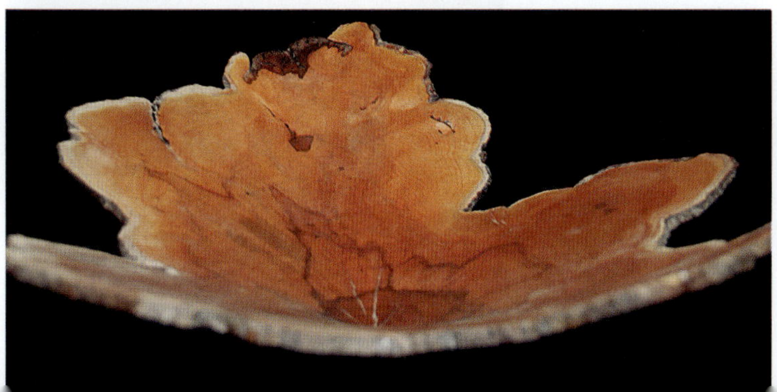

Eine kreative Schale aus Zwetschkenholz

Ein naturnaher Wald ist ein artenreicher Lebensraum.

Uns sollte auch bewusst sein, dass die Lebewesen im Wald (Vögel, Bienen, Käfer, Insekten, Wild etc.) gegenüber dem Menschen weit in der Überzahl liegen, dass sie diesen Lebensraum zum Überleben brauchen und somit auch mehr Anspruch darauf haben. Der Wald reagiert empfindlich auf Veränderungen und ist stets bemüht, äußere Einflüsse zu korrigieren. Daher ist es umso wichtiger, mit den Wäldern sorgfältig und respektvoll umzugehen. Die Bewusstseinsbildung sollte schon in frühester Jugend einsetzen, schließlich ist der Wald nicht nur für die Menschheit unersetzbar.

Ein ausgedehnter Spaziergang durch den Wald, mit offenen Augen, zeigt uns die staunenswerte Vielfalt, den Artenreichtum und die Schönheit dieses einzigartigen Lebensraumes, der viel zu oft als selbstverständlich wahrgenommen wird. So manche Laune der Natur lässt vor allem das Herz des Drechslers höherschlagen – geleitet durch seine Kreativität und sein Vorstellungsvermögen sieht dieser bereits den fertig gedrechselten Gegenstand. Was wäre der Mensch ohne den Wald?

Hinweis

Ich möchte besonders darauf hinweisen, dass ich dieses Buch ausschließlich jenem Publikum widmen möchte, welches sich zum ersten Mal

Wer mit offenen Augen durch den Wald geht, findet immer Material für seine Werkstücke.

mit der Bearbeitung von nassem Holz auseinandersetzt und dieses Neuland Schritt für Schritt erkunden möchte. Die Steigerung der handwerklichen Fähigkeiten ist nur schrittweise von unten nach oben möglich. Beginnend mit den einfachsten Werkstücken, sollen die ersten Erfahrungen beim Drechseln von nassem Holz gesammelt werden.

Es war mir ein Anliegen, die Arbeiten so zu gestalten, dass jeder für sich den Schwierigkeitsgrad wählen kann, indem die Materialstärken frei wählbar sind. Je dünner die Werkstücke gedrechselt werden, umso größer die Schwierigkeit der zu bewältigenden Arbeitsschritte. Jeder Drechsler kann so, stufenweise und langsam, seine handwerklichen Fertigkeiten verbessern. Bewusst verzichte ich auf viele Spezialwerkzeuge der Nassholzdrechslerei und werde diese auch nicht erwähnen. **Die grundlegenden Techniken des Drechselns und das handwerkliche Können setze ich voraus.** Daher werde ich diese nicht mehr erklären oder dokumentieren. Die zahlreichen unter großem Aufwand erstellten Fotos sollen die einzelnen Arbeitsschritte veranschaulichen und den Text ergänzen. Wichtig ist mir auch, auf einige Holzmerkmale (Holzfehler) einzugehen. Eine hochwissenschaftliche Arbeit möchte ich in diesem Zusammenhang jedoch vermeiden, damit der Umfang beschränkt und aufs Wesentliche begrenzt bleibt.

Christian Zeppetzauer, BEd
Herbst 2015

Drechseln von nassem Holz

Nassholzdrechseln ist weder eine neuzeitliche Modeerscheinung noch eine neu erfundene Technik. Schon mein Urgroßvater drechselte Schalen, Teller und Schüsseln aus grünem Holz, um deren Trockenzeit zu verkürzen. Mit einer Maßzugabe von mindestens 2 cm wurden die Schalen aus nassem Holz gedrechselt, um in weiterer Folge schonend getrocknet zu werden. Dazu lagerte man die Werkstücke im Heustadel (in der Scheune), wo sie, mit Heu bedeckt, abhängig von Größe, Holzart und Holzfeuchte innerhalb weniger Wochen trockneten. Anschließend wurden diese Schalen, welche sich durch das Schwinden des Holzes leicht verformt hatten, nachgedrechselt und in ihre endgültige Form gebracht. Das verformte, oval erscheinende Bild der Schale war damals nämlich weniger gewollt als heute. Man fertigte zu dieser Zeit zudem hauptsächlich zweckdienliche Gebrauchsgegenstände. Das Design war

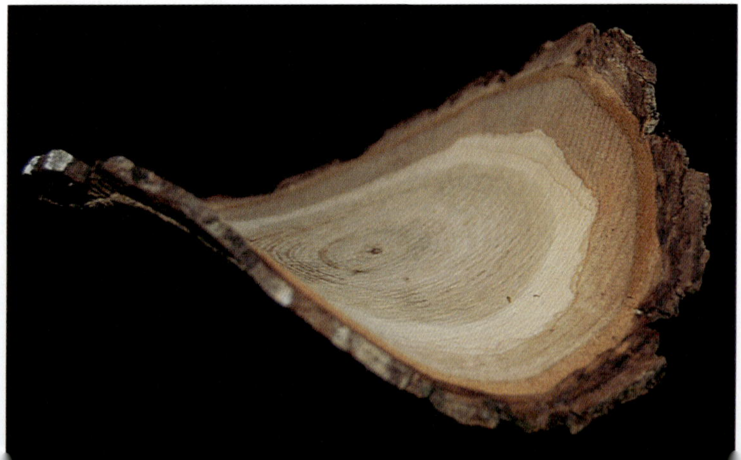

Eine einfache Schale aus frischem Holz gedrechselt.

So mancher Grünholzstapel bietet wahre Schätze.

in diesem ländlichen Raum eher nebensächlich und man hatte auch im Gegensatz zu heute keine Zeit, um zu experimentieren. Heutzutage entstehen immer mehr künstlerisch gestaltete Liebhaberstücke.

Der wesentliche Unterschied des Nassholzdrechselns gegenüber der herkömmlichen Drechslerei besteht darin, dass eine völlige Formfreiheit gegeben ist. Man hat sich weder an Maßangaben zu halten noch müssen zwei oder gar mehrere Teile gleich aussehen. Sind bei der herkömmlichen Drechslerarbeit Holzfehler, welche ich lieber als Holzmerkmale bezeichnen möchte, teilweise oder völlig unerwünscht, so sind es oft gerade diese Merkmale, welche einem Nassholzgegenstand eine ganz besondere Note verleihen. Genau diese durch Zufall entstandenen Auffälligkeiten machen das Arbeiten mit nassem Holz so interessant. Auch die Freiheit, sich erst während der Arbeit an einem Stück für dessen Form zu entscheiden oder diese spontan ändern zu können, ist ein völlig neues Drechselerlebnis. Das Bewusstsein, dass durch einen Fehler oder eine Unaufmerksamkeit beim Drechseln ein gewaltiger Mehraufwand an Arbeit entstehen kann, fällt beim Drechseln von grünem Holz teilweise oder völlig weg. Beim Nassholzdrechseln öffnen sich Möglichkeiten der Formgebung und Materialstärken, welche mit trockenem Holz niemals möglich wären.

Die Leichtigkeit der Spanabnahme bei nassem Holz ist durch das gleichmäßige Gefüge und die Geschmeidigkeit der Struktur gegeben. Die sonst wesentlich merkbaren unterschiedlichen Eigenschaften zwischen hartem und weichem Jahresring sind kaum erkennbar. Mit Spezialwerkzeugen und sehr großer Spanabnahme ist ein rascher Materialabbau möglich. Im Gegensatz dazu ermöglicht es die Nassholzdrechslerei, unter feinster Spanabnahme Gegenstände mit hauchdünnen Materialstärken zu kreieren, welche aus trockenem Holz nie möglich wären.

Im Allgemeinen ist nasses Holz leichter zu bekommen und in weiterer Folge auch leichter zu lagern als trockenes. In so manchen Reisighaufen findet der Nassholzdrechsler wahre Schätze. Drechseln von nassem Holz ist nicht jedermanns Sache, das Gleiche gilt aber auch für die herkömmliche oder kommerzielle Drechslerei. Ich kenne sehr viele Personen, die die Arbeit mit nassem Holz nur probieren wollten, dabei aber so begeistert waren, dass sie nun fast nur noch Nassholz drechseln.

Ob Nassholz oder nicht – das Wichtigste ist, dass die Arbeit Spaß macht und man sich an dem Geschaffenen erfreuen kann.

Aus „stockigem" Holz lassen sich sehr kreative Schalen herstellen.

Holzwachstum

Schwinden und Quellen

Einige bevorzugte Hölzer

Holz als lebender Werkstoff

Holz ist neben Stein der älteste Werkstoff, den es zum Bauen gibt. Seit der Mensch begonnen hat, sich Holz zu unzähligen Zwecken nutzbar zu machen, wurden viele andere Werkstoffe entdeckt und entwickelt. Keiner aber hat das gute alte Holz verdrängt. Im Gegenteil, es ist heute noch genauso begehrt wie vor tausend Jahren. Holz ist nicht zu ersetzen und ist gleichzeitig unentbehrlich.

Holz ist neben Horn, Elfenbein, Harz und Kunststoff auch der wichtigste Werkstoff des Drechslers. Im Gegensatz zum Tischler, der hauptsächlich den Stamm eines Baumes verarbeitet, **verwendet der Drechsler auch Wurzeln, Wurzelstock, Maserknollen und Äste**. Der Werkstoff Holz ist ein fantastisches, aber auch eigenwilliges Material. Um die Arbeit zu erleichtern und Enttäuschungen vorzubeugen, sollte man über die grundlegenden Eigenschaften von Holz Bescheid wissen.

Holzwachstum

Durch die Aufnahme von Nährsalzlösungen aus dem Boden und Kohlendioxid (CO_2) aus der Luft entstehen Traubenzucker und Stärke bzw. Zellulose. Diese Umwandlung, welche das Wachstum eines Baumes bedeutet, nennt man Assimilation. Das Wachstum des Baumes beginnt in unseren Breitengraden im Frühjahr und dauert bis zum Spätsommer und Herbst. Während der Wintermonate wächst der Baum nur geringfügig.

Das **Längenwachstum** beginnt mit dem Austrieb der End- oder Triebknospen des Stammes, der Äste und Zweige. Durch das Streben der Endknospen nach Sonnenlicht wächst im dichten Baumbestand

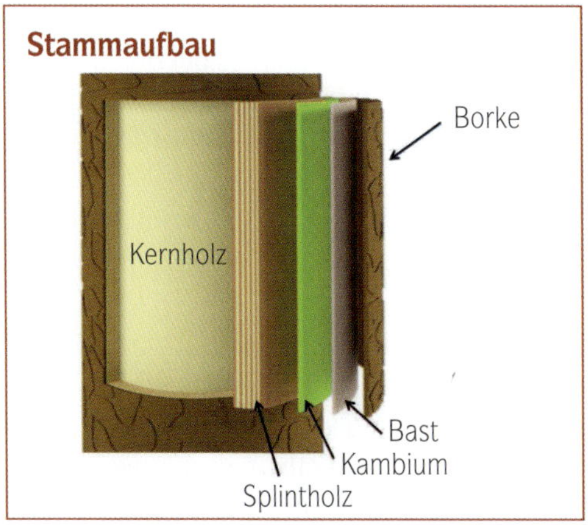

Von der Wurzel bis zur Krone ist das Splintholz für die Wasserleitung in Bäumen zuständig.

ein Hochstamm, während sich in freistehenden Baumbeständen bevorzugt Halb- oder Kurzstämme entwickeln. Das **Dickenwachstum** erfolgt im Kambium. Das Kambium ist eine dünne Zellschicht, die einem Zylinder ähnlich um die Holzteile des Baumes liegt. Durch die fortlaufende Zellteilung im Kambium wachsen ringartige Zuwachszonen am Baumstamm, welche die Jahresringe bilden.

Aufgrund der Tatsache, dass die Zellteilung im Frühjahr schneller vor sich geht als im Sommer und Herbst, entstehen beim Laub- und Nadelholz jedes Jahr zwei unterschiedliche Zuwachszonen. Die im Frühjahr gebildeten Zellen sind dünnwandiger, heller und weicher als die im Herbst gebildeten, welche dunkler und härter sind. Funktional gesehen entsteht im Frühjahr Wasserleitungsgewebe und ab Sommer Festigungsgewebe. Beide zusammen ergeben einen Jahresring. Gegen Ende des Jahres verringert sich das Wachstum.

Die Jahresringe entstehen jedes Jahr durch zwei unterschiedliche Zuwachszonen.

In der Regel benutzen die Bäume immer nur die jüngeren, äußeren Bereiche des Stammes zum Transport und zur Speicherung des Wassers. Dieses Holz wird als Splintholz bezeichnet und stellt die Wasserversorgung des Baumes von der Wurzel zur Krone dar.

Durch das Vorhandensein von Stärke in den Zellen ist es anfälliger für Pilzbefall und holzzerstörende Insekten. Splintholz ist somit im stehenden Baum lebendes aktives Holz. Nach wenigen Jahren stellen die Zellen ihre Funktion ein. Die meisten Baumarten lagern dann in diese Zellen organische und anorganische Substanzen wie Gerbstoffe und Kieselsäure ein und verschließen diese. Dieses Holz im Inneren des Stammes nennt man Kernholz. Obwohl das Kernholz nicht mehr aktiv ist, ist es der stützende Teil des Baumes.

Wegen der eingelagerten Stoffe ist dieses Holz dunkler gefärbt und widerstandsfähiger gegen Pilz- und Insektenbefall. Kernholz hat auch die Eigenschaft, dass es bei Befeuchtung weniger Wasser aufnimmt. Daher kann dieses Holz sehr schlecht imprägniert werden.

Schwinden und Quellen

Der lebende Baum speichert in seinem Holz sehr viel Wasser. Ein Kubikmeter frisch eingeschnittenes Fichtenholz kann beispielsweise bis zu 300 l Wasser enthalten. Dieses ist in den Zellwänden und Zellhohlräumen eingelagert. Im lebenden Baum ist der Wassergehalt in der Regel nicht gleichmäßig im Stammquerschnitt verteilt. Im Splint ist immer, wie schon ausgeführt, ein besonders hoher Wassergehalt vorhanden. Zudem ist der Baum bemüht, den Porenraum im äußeren Splint zur Abwehr gegen Pilzsporen und Insekten zu mindestens 90 bis 95 % mit Wasser aufzufüllen. In den innenliegenden Stammteilen, dem Kernholz, die für die Lebensfunktion des Baumes nicht so wichtig sind, ist die Holzfeuchte dagegen niedriger. Sie liegt bei den Nadelhölzern bei etwa 40 %.

Holz kann durch Feuchtigkeitsauf- oder -abgabe seinen Feuchtigkeitsgehalt und damit gleichzeitig sein Gewicht und seine Dimension

Drei verschiedene Schwundmaße des Holzes: Länge, Durchmesser und Umfang.

verändern (Quellen, Schwinden). Diese Veränderung nennt man „Arbeiten des Holzes". Das Schwinden ist je nach Holzart, Dichte und Richtung im Baumstamm unterschiedlich stark ausgeprägt.

Das in den Zellhohlräumen befindliche Wasser wird als freies Wasser bezeichnet, wohingegen das Wasser in den Zellwänden als gebundenes Wasser definiert wird. Bei der Trocknung von Holz frisch gefällter Bäume wird zunächst das „freie" Wasser aus den Zellhohlräumen abgegeben. Erst wenn das „freie" Wasser abgeführt ist, wird der Zellwand das „gebundene" Wasser entzogen. Den Übergang zwischen dem Entzug von freiem und gebundenem Wasser nennt man Fasersättigungsbereich, welcher bei ca. 30 % liegt. Ab dem Zeitpunkt, an dem das Wasser aus den Zellwänden entzogen wird, beginnt das Holz zu schwinden. Es kommt zur Volumenveränderung und dadurch entstehen Verformungen und Rissbildungen.

Bei einer bestimmten Temperatur und relativen Luftfeuchtigkeit ist das Holz bestrebt, eine ganz bestimmte Holzfeuchte anzunehmen. Diese Tatsache bewirkt die Holztrocknung. Feuchtigkeitsgleichgewicht ist letztlich dann gegeben, wenn vom Holz keine Feuchtigkeit mehr an die umgebende Luft abgegeben oder von dieser aufgenommen werden kann. Das Arbeiten des Holzes ruht zu diesem Zeitpunkt.

Durch innere Spannung entstandene Schwundrisse

Holz schwindet und quillt hauptsächlich quer zum Faserverlauf. Es weist drei verschiedene Schwundmaße auf, die bei schlagfrischem Holz in der Länge bei 0,1–0,5 %, im Durchmesser bei 3–6 % und bei 6–12 % im Umfang liegen. Die Größe der Schwindmaße richtet sich hauptsäch-

Um wie viele Millimeter ein Seitenbrett mit einer Breite von 400 mm schwindet, kann wie folgt berechnet werden. Dabei wird eine Ausgangsfeuchte von 25 % und eine Endfeuchte von 12 % angenommen.

Schwindmaß tangential = 7 %
Holzfeuchte Differenz = 25 % minus 12 % = 13 %

Schwindmaßdifferenz $= \frac{7 \times 13}{30}$ ergibt 3,0 %

Schwindmaß $= \frac{400 \times 3{,}0}{100}$ ergibt 12 mm

Das Brett schwindet in der Breite um 11,1 mm.

Kernbretter und Kernpfosten werden zur Rinde hin dünner, weil das Splintholz stärker schwindet als das Kernholz.

Durch Schwund entstandener Knick bei Seitenbrettern

lich nach Holzart, Härte, Dichte, Faserrichtung im Stamm und nach dem Feuchteunterschied.

Kernbretter und Kernpfosten haben stehende Jahresringe. Deshalb wird diese Schnittware zur Rinde hin dünner, weil das Splintholz stärker schwindet als das Kernholz. Deshalb entsteht auch der Knick bei Seitenbrettern, wo die rechte Seite (kernzugewandte Seite) rund und die linke Seite hohl wird.

Großes Feuchtegefälle kann zu ungleichem Schwinden in radialer und tangentialer Richtung führen. Dadurch entstehen innere Spannungen im Holz und in weiterer Folge Schwindrisse.

Diese Risse sind bei kernfrei eingeschnittenem Holz geringer als bei markhaltigem Schnittholz. Je weniger Masse vorhanden ist, desto geringer die Rissbildung und desto höher der Verzug.

Daher gilt bei der Nassholzdrechslerei: **Je dünner ein Gegenstand, desto geringer die Rissbildung**, da die Spannungen im Inneren des Holzes frei werden können. Eine Verformung aufgrund der unterschiedlichen Schwundmaße ist die Folge. Grundsätzlich sollten aber gedrechselte Gegenstände aus nassem Holz schonend getrocknet werden.

Einige bevorzugte Hölzer

Ahorn

Grundsätzlich unterscheidet man zwischen Berg-, Feld- und Spitzahorn. Die Farbe des Bergahorns ist fast rein weiß, der Spitzahorn ist etwas getönt gelblich bis schwach grau, der Feldahorn ist selten weiß, sondern fast immer rötlich. Als Alterstönung zeigt das Ahornholz eine deutliche Vergilbung. Der Splint unterscheidet sich beim Ahorn farblich nicht vom Kernholz.

Apfelbaum

Der Apfelbaum kommt auf allen Erdteilen in kultivierter und wilder Art vor. Apfelholz ist rosa bis rötlich-braun, oft mit dunkleren Streifen und unregelmäßigen, flächigen, dunklen Partien, wodurch dieses Holz sehr dekorativ wirkt. Der Stolz manch alten Tischlers war ein selbst angefertigter Hobel aus Apfelbaumholz, das für diesen Zweck jahrelang sorgfältig gehütet und gepflegt wurde.

Birnbaum

Das Birnenholz hat ein ziemlich einheitliches Bild, die Farbe reicht von Blassgrau bis Rötlichbraun. Ältere Stämme sind oft intensiv rot und stark bräunlich nachdunkelnd. Birnbaumholz wird meistens gedämpft, um eine Egalisierung und Vertiefung der rötlichen Farbe zu erreichen.

Buchsbaum

Die strauchartig wachsenden Stämme erreichen nur sehr selten maximale Abmessungen von 3–4 m Länge und einen Durchmesser von 30 cm. Buchsbaumholz ist gelblich mit bräunlicher oder grünlicher Tönung, öfters mit schwach dunklen Streifen. Der Buchsbaum ist sehr anfällig für Verfärbungen durch Feuchtigkeit und Pilze.

Eibe

Das Eibenholz hat auffallend enge, meist wellig verlaufende Jahresringe mit schmalem, dunklem Spätholz ohne Harzkanäle. Das Holz ist gelblich bis rotbraun, meist violettstichig, wobei diese Eigenschaft beim Nachdunkeln verloren geht. In Österreich und Deutschland steht die Eibe unter Naturschutz und es gibt nur noch wenige gezählte Exemplare dieses langsamwüchsigen Baumes, der ein Alter von über 2.000 Jahren erreichen kann. Das wenige im Handel befindliche Holz wird importiert. Das Holz der Eibe wurde bereits in vorgeschichtlicher Zeit für Waffen und Geräte geschätzt, der eiszeitliche Jäger benutzte für die Mammutjagd Eibenspeere, wie gut erhaltene Funde eindeutig bewiesen haben.

Erle

Von den im europäischen Raum verbreiteten Erlen-Arten ist holzwirtschaftlich die Schwarzerle (auch Roterle genannt) von Bedeutung. Das Holz der Weiß- oder Grauerle wird weniger geschätzt; es ist leichter und qualitätsmäßig der Schwarzerle unterlegen. Kern- und Splintholz unterscheiden sich farblich nicht voneinander. Ihre Farbe reicht von Gelb bis Orangefarben, bräunlich nachdunkelnd.

Kirschbaum

Dieser Baum ist auf allen Teilen der Erde in kultivierter und wilder Art anzutreffen. Die Farbe des Holzes ist blassgelb-rötlich, gelegentlich grünstichig und grünstreifig. Der Kirschbaum neigt zum orange-rotbraunen Nachdunkeln. Er erfordert als Stamm- und auch als Schnittholz sorgfältige Pflege, um unschöne Verfärbungen zu vermeiden. Das Holz der Wildkirsche ist feiner in der Struktur, feinjähriger und von schöner gleichmäßiger Farbe. Die Gartenkirsche dagegen ist meist gröber, hat breitere und ungleichmäßige Jahresringe und ist von unterschiedlicher gelblicher Farbe.

Nussbaum

Der Nussbaum kommt vorwiegend im europäischen Raum vor, jedoch auch in Kleinasien, dem nördlichen Indien und in China, hierbei spricht man von Amerikanischer Nuss. Im Gegensatz zum heimischen Nussbaum ist letzterer einheitlicher strukturiert, aber gröber; Faserabweichungen kommen seltener vor. Der heimische Nussbaum ist durch seine dunkelbraune Farbe sowie je nach Wachstumsbedingungen durch schlichte bis gewolkte und gefladerte Arten mit zum Teil markanten bräunlichen bis schwarzen Zeichnungen charakterisiert.

Olivenholz

Olivenholz ist gelblich-braun mit auf allen Schnitten auffallenden, unregelmäßig verlaufenden, verschieden breiten Streifen und zusammenhängenden Fleckenbildungen, wodurch sehr schöne, lebhafte, oft ausgeprägte marmorierte Zeichnungen entstehen.

Rotbuche

Die Rotbuche kommt hauptsächlich in Europa vor. Das Kern- und Splintholz unterscheidet sich farblich nicht voneinander. Die Farbe ist weißlich-grau mit blass gelblicher bis rötlicher Tönung. Es ist sehr vielseitig verwendbar und das am häufigsten verwendete Gebrauchsholz (Sperrholz, Sitzmöbel, Parkett usw.). Buchenholz ist stark schwindend, hart, fest und gut zu bearbeiten. Das Dämpfen von Buchenholz bewirkt eine Egalisierung und Intensivierung der rötlichen Farbe und das Stehvermögen wird zusätzlich günstig beeinflusst.

Weißbuche

Die Weißbuche kommt im gesamten europäischen Raum, außer in Südwest- und Nordeuropa, vor. Die Farbe des Holzes ist gelblichweiß bis schwach hellgrau. Kern- und Splintholz unterscheiden sich farblich nicht voneinander. Eine der besonderen Eigenschaften der Weißbuche ist die Zähigkeit sowie die große Abnutzungsbeständigkeit. Die Weißbuche hat keinerlei Ähnlichkeit mit der Rotbuche, weder botanisch noch im Aussehen, noch in den Eigenschaften.

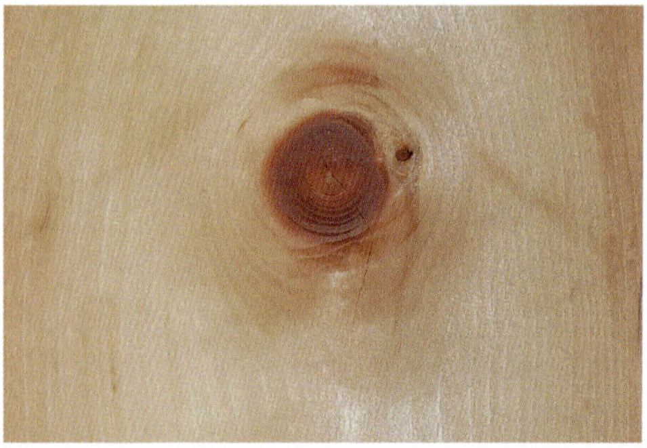

Zirbelkiefer

Was wäre die Drechslerei ohne die beliebten Zirbenschüsseln in all ihren Größen und Ausführungen. Die Zirbe wächst im Hochgebirge und kann an günstigen Standorten bis zu 25 m hoch werden und einen Durchmesser von bis zu 80 cm erreichen. Der Kern dieses Holzes ist hell rötlich, während der Splint gelblich bis weiß ist. Zirbenholz ist sehr weich, leicht und schwindet wenig. Sehr beliebt ist der harzige Geruch dieser Holzart. Zirbenholz ist sehr harzreich, daher muss es bei einigen Oberflächenbehandlungen vorher entharzt werden.

Zwetschkenholz

Zwetschkenholz zeichnet sich durch mäßig schwindende, sehr harte, feste, etwas spröde Eigenschaften aus. Die Farbe reicht von Rot bis Violettbraun mit hellen und dunklen Streifen. Auffallend ist die stellenweise sehr intensive violette Tönung, die allerdings im Laufe der Zeit verblasst. Die geringen Dimensionen des Zwetschkenholzes beschränken die Verarbeitungsmöglichkeit dieses sehr dekorativen Holzes.

Lagern und Aufbewahren von nassem Holz

Lagerungsmöglichkeiten

Trocknen von Werkstücken

Im Gegensatz zur herkömmlichen Lagerung von Holz, deren Ziel die Trocknung ist, soll beim Aufbewahren von nassem Holz der Trockenvorgang vermieden oder so lange wie möglich hinausgezögert werden. Diese Lagerung ist jedoch je nach Holzart nur für begrenzte Zeit möglich.

Lagermöglichkeiten

Es ist sinnvoll, Nassholz an feuchten, schattigen und vor zu großer Zugluft geschützten Orten zu lagern. Besondere Vorsicht ist vor Pilz- und Insektenbefall geboten. Gefährdet sind insbesondere Holzarten wie Buche und Ahorn. Sollte es zu einem oberflächlichen Pilzbefall kommen, muss die Rinde unbedingt entfernt werden, um ein Verstocken (durchgehender Pilzbefall) des Holzes zu vermeiden. Das bringt jedoch den Nachteil mit sich, dass durch die entfernte Rinde das Holz rascher austrocknet.

Zu beachten ist auch, dass die Hirnholzfläche eines Holzstückes sehr rasch und sehr viel Feuchtigkeit abgibt, wodurch die Gefahr der Rissbildung besonders hoch ist. Mit geringstem Aufwand kann man dem allerdings entgegenwirken. Das Bestreichen mit Leim ist eine hierfür weitverbreitete Maßnahme.

Eine weitere Möglichkeit der Aufbewahrung von nassem Holz ist die **Lagerung in Wasser**. Der Werkstoff wird dabei zur Gänze im Wasser gelagert. Die Größe und Art des Gefäßes ist von der Dimension des Hol-

Lagerung im Wasser

zes abhängig. Sehr gut eignen sich Fässer oder Brunnentröge. Bei dieser Art von Lagerung ist zu beachten, dass das Wasser regelmäßig erneuert werden muss, um erstens eine mögliche Algenbildung zu vermeiden und zweitens den sonst eintretenden Gärprozess zu verhindern. Beim Gärprozess wird die im Holz vorhandene Stärke in Fruchtzucker umgewandelt, was in weiterer Folge einen unerwünschten übelriechenden Geruch verursacht. Mit dieser Methode kann man Nassholz über mehrere Monate aufbewahren.

Vorübergehend können Holzstücke auch **mithilfe der Erdfeuchte** gelagert werden. Das Baumstück wird dabei an einem schattigen, kühlen Ort mit der Stirnseite auf die Erde gestellt. Dies verhindert ein zu schnelles Austrocknen der Hirnholzfläche, da diese durch die Feuchtigkeit des Bodens davor bewahrt wird.

Man kann das Holz auch **mit wassergetränkten Tüchern** umwickeln, um ein frühzeitiges Austrocknen zu verhindern. Die Maßnahme, nasses Holz mit Nylonfolie einzuwickeln, ist nur bedingt anwendbar. Da dieser Abschluss nicht zu 100 % luftdicht ist, besteht bei längerer Lagerung die Möglichkeit von Schimmelpilzbildung. Bei unvollendeten Arbeiten ist dies jedoch eine sehr gute Möglichkeit, um das Werkstück kurzfristig vor dem Austrocknen zu schützen. So können ohne Risiko einige Tage bis zur Fertigstellung des Gegenstandes überbrückt werden.

Mithilfe der Erde feucht gelagertes Holz

Trocknen von Werkstücken

Das Trocknen von fertig gedrechselten Gegenständen muss unbedingt schonend erfolgen. Auf gar keinen Fall sollten Gegenstände, bei denen eine Rissbildungsgefahr besteht, in zentralbeheizten Räumen getrocknet werden. Hierfür eignet sich in den ersten Tagen ein kühler, gut durchlüfteter Raum. Danach kann die Trocknung rascher und in der Wohnung erfolgen.

Eine gute Möglichkeit der schonenden Trocknung ist das Verpacken des Werkstücks in trockene Holzspäne. Den genauen Vorgang erkläre ich im Zuge der Herstellung einer Naturrandschale aus Zwetschkenholz (s. S. 126).

Es existiert noch eine weitere Trocknungsart, bei der jedoch chemische Mittel eingesetzt werden. Diese Art von Trocknung wird hier nicht erläutert, weil Chemie, egal in welcher Form, nicht im Einklang mit Holz steht. Jeder Holzhandwerker soll das Holz, seine Eigenschaften und die damit verbundenen Probleme kennenlernen, begreifen und nach und nach lernen, damit umzugehen.

Schonendes Trocknen durch Verpacken in Holzspänen.

Holzmerkmale (Holzfehler)

Unter Holzfehlern versteht man alle Abweichungen von der normalen Beschaffenheit des Stammes bzw. des Holzes. Das Wachstum, die Entwicklung und der innere Aufbau des Holzes sind von vielen äußeren Bedingungen abhängig, wie zum Beispiel vom Klima, der Bodenbeschaffenheit und dem jeweiligen Standort. Manche Abweichungen vom normalen Wuchs können auch interessante und wertvolle Gestaltungsmöglichkeiten für den Drechsler ergeben.

Auch durch seine charakteristischen Holz- und Rindenmerkmale erhält jeder Baum eine unverwechselbare, individuelle Gestalt. Diese Merkmale sind nicht automatisch mit Holzfehlern gleichzusetzen. Erst die Betrachtungsweise entscheidet darüber, ob es ein Merkmal oder ein Fehler ist.

Ein abgestorbener Ast muss für den Grünholzdrechsler nicht unbedingt ein Holzfehler sein.

Diese Stämme sind für das Sägewerk unbrauchbar, nicht aber für den „Holzkünstler".

Aus der Sicht des Baumes kann nur dann von einem Holzfehler gesprochen werden, wenn er dessen Lebenserwartung wesentlich einschränkt. In diesem Zusammenhang möchte ich besonders betonen, dass Äste, die ja unverzichtbare Träger der Assimilationsorgane sind, auf gar keinen Fall unter Holzfehler eingestuft werden dürfen. Verschiedenste Stammformen sowie Stammbeulen und dergleichen sind ebenfalls keine Holzfehler.

Aus der Sicht des Holzverwenders wird dann von Holzfehlern gesprochen, wenn der beabsichtigte Verwendungszweck eingeschränkt oder gar unmöglich gemacht wird. Glücklich ist hier der Ästhet. Er erfreut sich an der Natürlichkeit, Urwüchsigkeit, Lebenskraft und dem Formenreichtum der Holzmerkmale.

Da der Begriff „Holzfehler" für mich negativ behaftet ist, werde ich im Folgenden von Holzmerkmalen sprechen. Wir unterscheiden **drei Hauptgruppen von Holzmerkmalen:**

- Wuchsmerkmale
- Merkmale im strukturellen Aufbau
- Merkmale durch äußere Einflüsse

Daneben kann auch der Mensch Einfluss auf die Holzqualität nehmen. Umwelteinflüsse, etwa durch Klima, Tiere oder Krankheiten, können ebenfalls zu einer Reihe von besonderen Holzmerkmalen beitragen.

Wuchsmerkmale

Ob eine Holzveränderung oder ein Holzmerkmal als Fehler gesehen wird, hängt von der Verwendungsabsicht ab. So manches Holzmerkmal kann als vorteilhafte Eigenschaft verwendet werden (Schlittenkufen – Säbelwuchs).

Krummschäftigkeit

Darunter versteht man eine **einseitige oder zweiseitige Abweichung der Stammachse von der Geraden**. Ein gerader Stamm wird als „zweischnürig" bezeichnet, ein Stamm, der in eine Richtung gekrümmt ist, wird als „einschnürig", und ein Stamm, welcher sich in mehrere Ebenen krümmt, als „ unschnürig" bezeichnet. Der Begriff „schnürig" kommt vom Schnurlot, welches am Baumstamm herabhängt und entweder am Stamm anliegt oder nicht.

Wir unterscheiden:

- zweischnürig, beidseitig gerade (gutes Konstruktionsholz)
- einschnürig, einseitig krumm (großer Verschnitt, Abholzigkeit, verziehen)
- unschnürig, beidseitig krumm (sehr großer Verschnitt, Abholzigkeit, verziehen)

Einseitige …

Eine Vielzahl von Baumarten besitzt die genetische Veranlagung zur Krummschäftigkeit oder zum Säbelwuchs. Die Krummschäftigkeit kann weiterhin durch ungünstige Bodenbeschaffenheit, Schnee- oder Winddruck sowie Bodengefälle entstehen. Auch infolge eines Wipfelbruchs kann ein Stamm krumm werden, wenn ein Seitenast die Rolle des Wipfeltriebes übernimmt.

… und zweiseitige Abweichung des Stammes.

Bei der Messung der Krümmung sind Wurzelansätze nicht mit einzubeziehen. Begleitende Holzfehler sind meist Kernverlagerung, Reaktionsholz, Unrundigkeit und unregelmäßiger Jahrringaufbau.

Um die Auswirkungen dieses Merkmales zu mindern, wird Folgendes empfohlen:

- kurze Bearbeitungslängen
- notwendige Querschnitte in die größte Krümmung oder in den Krümmungswechsel legen
- einschnürige Krümmungen werden auf dem Krümmungsbogen liegend eingeschnitten

Gabelwuchs (Zwieselwuchs)

Diese Wuchsform ist oft auf geologische Bodenverhältnisse (Wasseradern), Wildverbiss, Schneedruck, Blitzschlag usw. zurückzuführen. Verwachsen zwei Stammfüße während ihres Dickenwachstums miteinander und bilden diese gemeinsame Jahresringe, spricht man von „unechtem Zwiesel". Teilt sich ein Baumschaft mit nur einer Markröhre, so spricht man von „echtem Zwiesel". Auch wenn der Terminaltrieb geschädigt oder zerstört wird, übernehmen die Seitenzweige dessen Funktion, was in der Folge zur Zwieselung führt.

Bei der Gabelung kommt es häufig zu Verfärbungen und Fäulnisherden sowie zu Falschverkernung bei Buche, Rindeneinwüchsen und Faserverwirbelungen. Durch den interessanten Doppelkern und die farblichen Veränderungen zur Stammmitte ist ein Zwiesel für den Drechsler jedoch durchaus interessant.

Echter Zwiesel

Verwachsener Zwiesel

Exzentrischer Wuchs

Von exzentrischem Wuchs spricht man, wenn sich der **Kern bzw. die Markröhre nicht genau im Zentrum des Stammquerschnittes** befindet. Diese Wuchsform tritt meist in Kombi-

Die Markröhre befindet sich nicht im Zentrum des Stammquerschnittes.

nation mit Rotjährigkeit (Reaktionsholz, Druck- oder Zugholz) auf.

Dieses Holz lässt sich sehr schlecht bearbeiten, da es sich sehr stark verwirft. Es kann daher für tragende Teile nicht verwendet werden und ist besonders ungünstig bei technischer Holztrocknung. Ursachen für diesen exzentrischen Wuchs sind einseitige Beanspruchung durch Wind, Sonne, Schneeschub, Kronenform oder Hanglage.

Bedingt durch die Rotjährigkeit lässt sich dieses Holz schwer bearbeiten, da es schwindet und sich windet.

Einseitige Beanspruchung ist oft Ursache für exzentrischen Wuchs.

Abholzigkeit

Unter Abholzigkeit versteht man eine starke **Verringerung des Stammdurchmessers.** Fichte und Tanne sind weniger abholzig als etwa Föhre oder viele Laubholzarten. Hainbuche und Eibe neigen aufgrund ihrer Veranlagung stark zur Abholzigkeit. Baumart, Alter, Baumhöhe und vor allem der Standort bestimmen den Grad der Abholzigkeit. Randbäume sind besonders abholzig. Bäume ohne Kronenkonkurrenz bilden eine ausladende Krone, wodurch das Dickenwachstum zugunsten der Standsicherheit verstärkt wirkt.

Nachteile sind eine geringe Holzausbeute und großer Verschnitt bei Schäl- und Messerfurnieren. Außerdem sinkt die Biegefestigkeit bei abholzigem Material, da eine große Zahl von Holzfasern durchtrennt wird.

Wir unterscheiden (Durchmesser je Meter):

- vollholzig: bis 1 cm pro Längenmeter
- abholzig: 1 bis 2 cm pro Längenmeter
- stark abholzig: über 2 cm pro Längenmeter

Abholzig: starke Verringerung des Stammdurchmessers

Spannrückigkeit, Hohlkehle und starker Wurzelanlauf

Diese Merkmale gehören zur Gruppe der Unregelmäßigkeiten des Umrisses. **Spannrückig** sind Stämme, **deren Querschnitte viele unregelmäßige Ein- und Ausbuchtungen** haben, wobei diese Einbuchtungen bis zu Quetschfalten verengt sein können. Diese betreffen nicht nur die Rinde, sie setzen sich auch im Holz durch wellenförmigen Jahrringverlauf fort. Der Nutzwert ist dadurch stark gemindert, das Holz ist teilweise unbrauchbar. Zur Spannrückigkeit neigen Weißbuche, Birke, Tanne, Eibe, Akazie und Robinie. Die Ursache dafür ist eine ungleichmäßige Teilungstätigkeit im Kambium, die durch Verletzungen, genetische Dispositionen oder Wurzelanläufe entstehen kann.

Die am Stammmantel dem Faserverlauf folgenden, **rinnenartigen Einbuchtungen** werden als **Hohlkehlen** bezeichnet. Diese beginnen meist unterhalb von Schattenästen und ziehen bis zum Wurzelanlauf hinab. Besonders gut zu erkennen sind sie bei glattrindigen Bäumen.

Querschnitt eines spannrückigen Stammes

Hohlkehle bedingt durch einen Hungerast

Hohlkehlen sind auf eine Unterversorgung von Stammteilen unterhalb dieser Äste zurückzuführen. Diese sogenannten Hungeräste benötigen die Assimilate für den Eigenverbrauch, sodass diese nicht für das Dickenwachstum des Stammes unterhalb des Astansatzes zur Verfügung stehen.

Besonders **ausgeprägte Stammfüße** werden als **starker Wurzelanlauf** bezeichnet. Besonders betroffen sind Ulme, Birke und Sumpfzypresse. Aus statischen Gründen können solche Wurzelanläufe die Standfestigkeit des Stammes auf weichem Boden erhöhen. Auch genetische Veranlagungen sind für dieses Holzmerkmal verantwortlich.

Merkmale im strukturellen Aufbau

Unregelmäßiger Jahrringaufbau

Nur wenn ein deutlicher Wechsel der Jahrringbreiten vorliegt, spricht man von einem Holzfehler. Wir unterscheiden **drei verschiedene Formen:**

Zunächst existieren **innen breite und außen schmale Jahresringe**. Das ist die natürliche Form bei einer Bepflanzung. Wenn die Bäume größer werden, geht die Jahrringbreite durch gegenseitige Behinderung zurück.

Die zweite Form zeichnet sich durch **innen schmale und außen breite Jahresringe** aus. Speziell bei dichter Naturverjüngung oder dichter Saat kommt diese Form zum Vorschein. Bei einer Auslichtung des Bestandes haben die Bäume plötzlich mehr Platz und Licht und wachsen schneller. Die letzte Form sind **wechselnde Jahresringbreiten** durch Klimaeinflüsse oder Insektenschäden. Mit einem gleichmäßigen Jahresringaufbau sind oft wertvolle Qualitätseigenschaften verbunden. Bei Nadelholz verbessern enge Jahresringe die physikalischen Eigenschaften des Holzes, da der Spätholzanteil erhöht wird.

Bei Laubhölzern deuten schmale Jahresringe auf mildes, also relativ weiches Holz hin. Ein Wechsel der Jahresringbreite bedeutet also auch einen Wechsel der Härte des Holzes, was sich bei der Bearbeitung der Oberfläche negativ auswirkt. Ein gleichmäßiger Jahresringaufbau erhöht die Resonanzfähigkeit des Holzes, was beispielsweise für die Musikinstrumentenbauer sehr wichtig ist.

Die Jahresringbreite ist demzufolge ein Hinweis für innere Astigkeit, Dichte und Festigkeit, Oberflächenbeschaffenheit nach der Bearbeitung, Gleichmäßigkeit der Holzeigenschaften, Maßhaltigkeit und Wachstumsabläufe.

Wimmerwuchs

Unter Wimmerwuchs ist eine **Abweichung vom normalen Faserverlauf** zu verstehen. Als Längswimmerung oder auch unechte Wimmerung werden tangential wellig verlaufende, waschbrettartige Einkerbungen bezeichnet, die am Stamm sichtbar sind. Längswimmerung ist am häufigsten bei Buche, Kastanie, Linde und Birke zu finden. Die Querwimmerung, auch als echte Wimmerung bezeichnet, ist ein feinwelliger Jahresringverlauf, der auf der Querschnittsfläche sichtbar wird. Die Jahresringe verlaufen in kurzen Wellenlinien. Querwimmerung kommt

Ein Wechsel der Jahresringbreite bedeutet einen Wechsel der Härte des Holzes.

Echte Wimmerung an der Querschnittsfläche ersichtlich

Selten vorkommender Tangential-Wimmerwuchs

vor allem bei Fichten und Tannen vor, die in größeren Höhen aufwachsen, aber auch bei Ahorn und Esche. Bei Nadelhölzern wird sie auch als Haselung bezeichnet und ist bei Musikinstrumenten sehr beliebt.

Außer diesen Wimmerstrukturen gibt es noch geflammte, blumige, schlichte und Riegeltextur. Solches Holz ist schwer zu bearbeiten, aber wegen seiner lebhaften Textur als Furnierholz sehr beliebt.

Maserwuchs – Wurzelmaserwuchs, Knollenmaserwuchs

Maserwuchs findet man am Wurzelstock durch die vielen kleinen Wurzelansätze oder durch

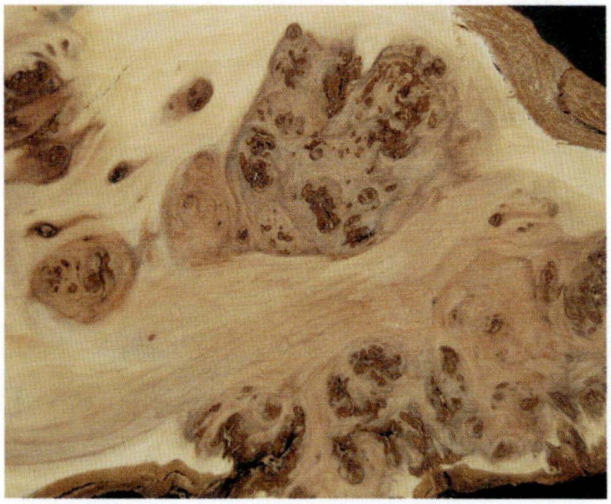

Querschnitt durch einen Maserwuchs

Knollenmaserwuchs an einem Stamm

Wurzelmaserwuchs

Überwucherung von Knospenanhäufungen und Verletzungen. Die Holzfasern der Jahresringe verlaufen in diesem Bereich unregelmäßig und gebogen. Es entstehen dabei eigenartige schöne und wertvolle Strukturen. Maserfurniere, die größtenteils für Einlegearbeiten verwendet werden, sind allerdings nur sehr kleinflächig zu bekommen.

Es wurde beobachtet, dass Bäume in Parkanlagen, Städten und in der offenen Landschaft häufiger Kröpfe und Knollen bilden als in Waldgebieten. Diese Bäume sind im Laufe ihres Lebens einem größeren Verletzungsrisiko sowie einem höheren Stress (Emissionen, Trockenheit, Hitze) ausgesetzt als andere. Der Infektionsdruck ist in Städten und in einer stärker frequentierten Umgebung ebenfalls größer. Durch Verletzungen können Wundparasiten in die Wunde eindringen und das Bildungsgewebe in seinem Wachstum stimulieren, wodurch die infizierten Regionen verstärkt mit Nährstoffen und Wuchshormonen angereichert werden. Es folgt ein nahezu ungezügeltes Dickenwachstum, welches zu gutartigen oder bösartigen Geschwülsten führt.

Reaktionsholz wird auch an starken Ästen gebildet.

Durch Ausgleich einseitiger Belastung versucht der Baum die Standfestigkeit zu gewährleisten.

Reaktionsholz – Druckholz und Zugholz

Durch langfristige oder dauerhafte einseitige Belastung des Baumes bilden Nadelhölzer Druckholz aus, um ihre Standfestigkeit zu gewährleisten. Diese Belastungen können Wind, Schnee, Hanglage oder eine asymmetrische Kronenausbildung sein. In den ersten Lebensjahren eines Baumes bildet sich noch kein Reaktionsholz, da aufgrund des geringen Querschnittes die Biegefestigkeit noch sehr hoch ist.

Druckholz, auch als Rotholz oder Buchs bezeichnet, hebt sich durch seine rötliche Farbe

Quetschfalten an der Innenseite von belastetem Laubholz

sowie seinen erhöhten Anteil an Spätholz vom übrigen Holz ab. Es kommt meist zusätzlich zu einer Kernverlagerung nach der dem Winde zugekehrten Seite. Druckholz unterscheidet sich vom übrigen Holz zudem durch hohe Dichte und starkes Schwinden bzw. Quellen. Außerdem weist es einen höheren Ligningehalt auf. Ähnlich dem Druckholz bei Nadelhölzern bildet sich bei Laubhölzern bei besonderen Belastungen **Zugholz** aus, insbesondere bei schief stehenden Bäumen. Bei diesen können an der Innenseite deutliche Quetschfalten entstehen.

Zugholz bildet sich in den biegezugbeanspruchten Bereichen, sieht weißlich aus und zeigt keinen erkennbaren Jahrringaufbau. Es hat einen höheren Zellulosegehalt, welcher sich bei Schnittware als wollige Oberfläche bemerkbar macht. Hinsichtlich des Verhaltens beim Quellen und Schwinden ist es dem Druckholz sehr ähnlich.

Drehwuchs

Als Drehwuchs bezeichnet man eine **schraubenförmige Abweichung der Längsfasern von der Geraden**. Die Holzfasern laufen spiralförmig um die Markröhre. Am Rundholz ist der Drehwuchs nur an den äußeren Stammpartien und an der Rinde zu erkennen. In geringem Umfang weist fast jedes Holz Drehwuchs auf. Unterschieden wird zwischen Rechts- und Linksdrehwuchs sowie Wechseldrehwuchs.

Nachteile sind starkes Verziehen (windschief), Verlaufen und Klemmen der Säge sowie große Differenzen im Quell- und Schwindverhalten. Der gewundene Faserverlauf eines Baumes wirkt jedoch auch wie ein Seil, das sich um den Baum schlingt und ihm dadurch eine höhere Biegefestigkeit verleiht. Die Struktur zeigt dunkle und helle Streifen. Als Ursachen dafür sind Windeinwirkung, Standort, Bodenbeschaffenheit, Wasseradern und genetische Veranlagung zu nennen.

Drehwuchs, erkennbar an der schraubenförmigen Abweichung der Längsfasern von der Geraden.

Harzgallen

Harzgallen sind im Kambium harzführender Nadelhölzer durch Windeinwirkung zu Beginn der Vegetationszeit entstandene **Tangentialrisse**, die, **mit Harz ausgefüllt**, im Holz erhalten bleiben. Sie kommen bei Fichte, Föhre, Lärche und Kiefer, jedoch nicht bei Tanne vor. Bei der Lärche führen Harzgallen oft zu einer unvollständigen Verkernung (erkennbar an hellen Stellen neben der Harzgalle). Der Nutzwert des Holzes kann durch Harzgallen je nach Größe und Anzahl erheblich vermindert werden.

Äste gehen von der Markröhre des Stammes aus.

Harzgalle: Tangentialriss, mit Harz gefüllt.

Astbeule über überwachsenem Astabbruch

Astigkeit

Äste sind ein natürlicher und notwendiger Bestandteil eines jeden Baumes. Sie gehen von der Markröhre des Stammes aus und sind, solange der Ast besonnt wird und aktiv am Baumleben beteiligt ist, mit dem ungebenden Stammholz fest verwachsen.

Stirbt ein Ast ab, umschließen die nachfolgenden Jahresringe den toten Ast. Diese Astnarbe ist besonders bei Buchen sehr gut erkennbar und wird aufgrund ihres Aussehens auch Chinesenbart genannt. Durch die starke Erhöhung des Stammmantels über einem überwallten Astabbruch entsteht eine Astbeule. Jeder Ast stört grundsätzlich die natürliche Holzstruktur des Stammes. Damit die Stabilität des Baumes nicht gefährdet wird, verstärkt der

Umschlossener toter Ast

Als „Chinesenbart" bezeichnete Astnarbe

Baum diese Stelle, indem er den Ast mit einer engeren Faserstruktur umgibt.

Man unterscheidet folgende Arten von Ästen:

- **Verwachsene Äste (Grünäste)**
  Das sind beim Einschlag noch gesunde Äste, welche noch belaubt oder benadelt waren.
- **Durchfalläste (Trockenäste, Schwarzäste)**
  Sie sind zum Zeitpunkt des Einschlags bereits abgestorben bzw. bestehen nur mehr aus einem Aststumpf. Sie sind nicht mehr oder nur mehr teilweise verwachsen und können sich bei der Bearbeitung herauslösen.
- **Fauläste**
  Hierbei treten erkennbare beginnende Zersetzungserscheinungen im Astbereich auf. Varianten sind Teilfauläste oder tiefgehende Fauläste.
- **Flügeläste**
  Sie vermindern die Biegefestigkeit und führen zu starkem Verziehen. Sie kommen zum Vorschein, wenn Äste längs geschnitten werden.

Der Gebrauchswert des Holzes sinkt mit zunehmender Anzahl, mit steigendem Durchmesser und mit schlechterem Zustand der Äste. Beson-

Grünast

Schwarzast

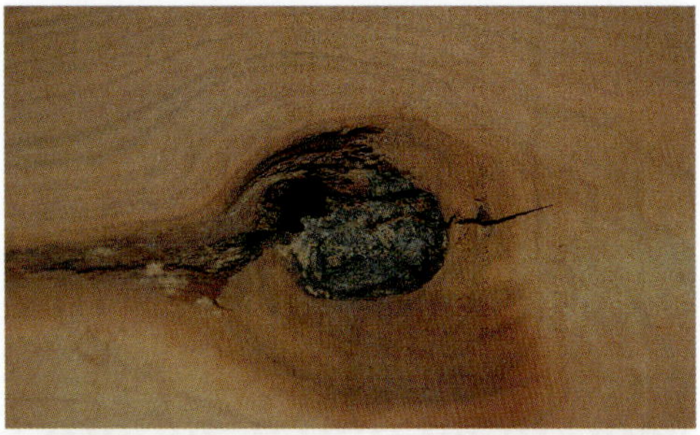

Faulast (oben) und Durchfaulast (unten)

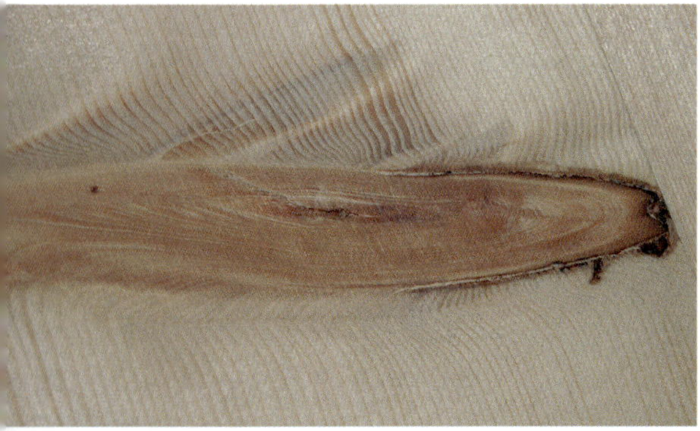

Flügelast

Rotkern

ders die Trockenastzone ist hinderlich. Durch Äste sind die Zeichnung und der Faserverlauf gestört, durch die verschiedenen Dichten ergeben sich unterschiedliche Schwundmaße, außerdem sinken die Festigkeitseigenschaften mit zunehmender Astigkeit. Deshalb ist die Astigkeit beim Kauf ein wesentliches Sortiermerkmal. Für den Drechsler sind gerade diese Merkmale ästhetische, natürliche und aufregende Eigenschaften.

Anormale Kernbildung

Unter anormaler Kernbildung (auch Fehlverkernung, fakultative Verkernung oder Falschkern) wird die Kernbildung bei Holzarten verstanden, die normalerweise keinen Farbkern ausbilden. Bei der Rotbuche entsteht die Fehlverkernung durch Verthyllung (Gefäßverschluss), Oxidation und Farbstoffeinlagerungen im Reifholz. Durch den Gefäßverschluss kommt es zu einer schlechteren Imprägnierbarkeit.

Die häufigsten Arten sind Rotkern und Spitzkern. Beim **Rotkern** ist eine wolkige Umrandung, beim **Spitzkern** eine gezackte bzw. sternartige Form zu erkennen. Der Beginn der Verkernung ist, je nach Standort, in einem Alter von 50 bis 80 Jahren zu erwarten. Rot- und Spitzkern sind in erster Linie Farbveränderungen, die die physikalischen Eigenschaften nicht wesentlich verändern.

Eine weitere Art von anormaler Kernbildung ist der **Eschenbraunkern**. Dabei wird die Farbveränderung durch Farbstoffablagerungen in den Speicherzellen hervorgerufen.

Merkmale durch äußere Einflüsse

Risse

Allgemein wird von Rissen gesprochen, wenn der Holzkörper in Faserrichtung getrennt wird. Auf der Querschnittsfläche verlaufen sie als radiale Risse in Richtung der Holzstrahlen (Markstrahlen). Grundsätzlich kann zwischen vielen verschiedenen Rissarten unterschieden werden, bei der Trocknung kommt es insbesondere zu End- und Oberflächenrissen.

Schwindung und Schwindungsrisse

Die Trocknung des Holzes führt zu einer Absenkung des Wassergehalts im Holz unter den Fasersättigungspunkt (ca. 30 % Holzfeuchte), wodurch es zu Spannungen und Schwindungsrissen kommt. Diese Spannungen entstehen insbesondere wegen der unterschiedlichen Schwindmaße in Längs-, Radial- und Tangentialrichtung. Die Schwindmaße differieren bei schweren Hölzern stärker als bei leichten, also ist auch die Gefahr der Bildung von Schwindrissen größer. Die Rissgefahr hängt wesentlich von der Einschlagzeit und vom Entrindungszustand ab.

Frostrisse

Frostrisse entstehen bei plötzlich einsetzenden Frostperioden in den äußeren Stammteilen, sie können jedoch manchmal bis zum Mark vordringen. Gefährdet sind Harthölzer wie Esche, Eiche, Eibe, Ulme, Hainbuche und Ahorn, insbesondere solche mit breiten Holzstrahlen.

Schwindungsrisse

Trockenrisse, Hitzerisse

Sie entstehen am stehenden Baum während großer Dürreperioden. Ein Absinken des Wassergehalts unter den Fasersättigungspunkt führt zu Längsrissen, die bis in das Zentrum des Holzes vordringen können.

Kernrisse (Strahlen-, Radial-, Herz- und Markrisse)

Kernrisse verlaufen vom Mark ausgehend radial und dehnen sich auch in Längsrichtung des Stammes beträchtlich aus. Kernrisse entstehen durch Einwirkung von außen wie Wind, Schneedruck, Hangneigung, einseitige Kronen usw.

Ringschäle

Diese entsteht durch **Spannungsunterschiede** im Holz. Ursache dafür sind starker Frost, Hitze, Wind oder Pilze. Die Jahresringe lösen sich teilweise voneinander. Holz mit starker Ringschäle ist als Schnittholz unbrauchbar und kann nur mehr für die chemische Aufbereitung (Zellulose) oder als Brennholz verwendet werden.

Radialrisse

Ringschäle

Schäden durch Menschen

Neben den drei hier beschriebenen Holzmerkmalsgruppen kann auch der Mensch ein schädigender Einflussfaktor sein. Dazu zählen bewusst in Kauf genommene und bewusst verursachte, teilweise nicht gänzlich vermeidbare Beschädigungen vornehmlich bei der Bewirtschaftung des Waldes. Der Baum reagiert auf eine Wunde, indem er Wundholz bildet, um das Eindringen von Luft und somit einen Befall von Pilzen zu verhindern. Am Wundrand wird Wundkallus gebildet, welcher die Wunde überwallen und vollständig verschließen soll.

Die Wirksamkeit dieser Wundheilung ist stark abhängig von der Baumart und der Jahreszeit des Schadeintritts. Im Frühjahr und Spätsommer ist der Heilungsprozess am wirksamsten. Ist die Wunde rechtzeitig und gut verschlossen, verfärbt sich der Wundbereich und der Faserverlauf ist wesentlich gestört. Ist dies jedoch nicht der Fall, kommt es zu einer umfangreichen Fäule, die der Baum nicht mehr zu überwallen vermag. Das Dickenwachstum des Baumes wird durch die fortschreitende Fäule eingeschränkt.

Durch denselben Vorgang des Überwallens können Stauden oder eng aneinanderstehende Bäume auch zusammenwachsen, indem der eine von dem anderen überwallt wird.

Am Wundrand wird ein Wundkallus gebildet, …

… welcher die Wunde überwallt und verschließt.

Eng aneinanderstehende, zusammengewachsene Bäume

Eingewachsene Fremdkörper

Fremdkörper gelangen leicht ins Holz, zum Beispiel durch Befestigung von Zäunen und Hinweisschildern an lebenden Bäumen, die mit der Zeit überwallt werden und von außen nicht mehr sichtbar sind.

Am häufigsten kommen eingewachsene Geschossteile vor. Oft können Fremdkörper aber auch natürlichen Ursprungs sein.

Meist werden diese Fremdkörper erst nach dem Aufschneiden der Bloche oder erst beim Zuschneiden in der Werkstatt sichtbar. Spätestens kommen diese Dinge aber beim Hobeln zum Vorschein, was für den Handwerker ein großes Ärgernis ist. Bei eingewachsenen Fremdkörpern bestehen immer eine hohe Unfallgefahr für den Menschen und die Gefahr der Beschädigung der Bearbeitungswerkzeuge. Im

Ein eingewachsenes Hinweisschild

Eingewachsene Fremdkörper sind bei der Bearbeitung eine Gefahr für Mensch und Werkzeug.

Eingewachsener Fremdkörper natürlichen Ursprungs.

Holz verursachen sie Veränderungen des Faserverlaufs, Verfärbungen und Fäule.

Fällungsschäden

Bei der Fällung der Bäume kommt es sehr häufig zu Beschädigungen des Unterwuchses und der Nachbarbäume. Durch Anstreifen entstehen Rindenbeschädigungen (sogenannte Schlagschäden). Diese Stellen werden sehr häufig von Pilzen befallen (insbesondere bei Sommerschlägerung) und es ist in der Folge mit Fäulnis zu rechnen. Weitere Schäden entstehen durch Ausrisse bei den unter Spannung stehenden, gefällten Stämmen oder durch Ausrisse aufgrund von falschen Fallkerben.

Rindenbeschädigungen (Schlagschäden) werden häufig von Pilzen befallen.

Schäden durch falsche Fällzeiten

Bei Nichtbeachtung der richtigen Fällzeiten (Sommerschlägerung) kommt es sehr leicht zu Pilzbefall, zum Beispiel Bläuepilz bei Kiefernholz. Bei Laubhölzern können außerdem sehr leicht Verfärbungen entstehen, insbesondere bei Ahorn und Birke.

Bei der Buche führen falsche Fällzeiten zur Verstockung. Weiters besteht eine größere Gefahr von Insektenbefall. Da das Holz im Saft steht, wodurch bei der Trocknung mehr und größere Risse entstehen, wird das Eindringen der Insekten unterstützt.

Aufgrund der zu befürchtenden Schäden achten heutzutage immer mehr Betriebe auf die richtige Einschlagzeit. Schlagwörter wie Mondphasenholz lassen sich zudem häufig in bare Münze umwandeln.

Pilzbefall an sommergeschlägertem Holz

Transportschäden

Durch Transport verursachte Schäden können sowohl am transportierten Holz wie auch am verbleibenden Bestand entstehen. Die häufigste Art sind Aufsplitterungen und Verunreinigungen durch Steine und andere Fremdkörper. Beim verbleibenden Bestand kommt es meist zu Rückeschäden durch die motorisierte Bringung, wodurch für Pilze und Insekten Eintrittsstellen am Baum geöffnet werden. Meist

Bei der Bringung beschädigter Erdstamm

erfolgt diese Beschädigung am Erdstamm und ist daher sehr stark erlösmindernd.

Schäden durch Umwelteinflüsse

Für das zunehmende Waldsterben ist primär die Luftverschmutzung verantwortlich. Heute gelangen schädliche Stoffe (Schwefeldioxide und Stickoxide) tonnenweise in die Luft. Der Wind nimmt die Schadstoffe mit und streicht durch die Wälder. Die Blätter wirken nun wie ein übergroßer Filter. Viele Bäume halten die Belastung nicht aus und sterben in weiterer Folge ab. Es entstehen dadurch Zuwachsverluste, also eine Verringerung des Mengenangebotes. Auch sekundäre Veränderungen, wie Falschkerne bei Buchen, Eichen- und Ulmensterben sowie der Nasskern bei der Tanne mit Beeinträchtigung der Imprägnierbarkeit, sind die Folge. Mondringe werden zum Teil ebenfalls der Umweltverschmutzung zugeschrieben. Jeder sollte versuchen, die Kreislaufwirkung Emission – Immission so gering wie möglich zu halten. Nur so können wir Pflanzen, Tiere und Menschen vor noch größeren Schäden bewahren.

Schäden durch Tiere

Beschädigung durch Wildverbiss

Das sind Schäden, die durch Rot-, Dam- oder Rehwild in Form von Verbiss, Schälen oder Fegen hervorgerufen werden. Von Bedeutung sind besonders Schäden, die aus Sommerschälung hervorgehen, da diese Schäden zu langwierigen Überwallungsprozessen führen, die mit Pilzbefall und Fäulnis einhergehen. Bei starkem Verbiss kann es zur Verhinderung von Naturverjüngungen kommen.

Schäden durch holzzerstörende Insekten

Als Holzschädlinge bezeichnen wir tierische Schädlinge (Insekten), die das Holz als Brutplatz oder als Nahrung benutzen. Das Holz kann dabei teilweise oder zur Gänze zerstört werden. Man spricht von holzbrütenden oder von rindenbrütenden Insekten. Dabei ist jeweils der Lebensraum der Larven definiert.

Alle holzzerstörenden Insekten durchlaufen bei ihrer Entwicklung vier Stufen, wobei die Entwicklungsdauer von Feuchtigkeit und Temperatur beeinflusst wird:

Ei → Larve → Puppe → Käfer

Die eigentlichen Holzzerstörer sind dabei die Larven (Holzwürmer). Diese leben je nach Insektenart zwei bis mehrere Jahre im Holz, und zwar vorwiegend im Splint. Im Durchschnitt wird dabei ein Fraßgang von einer Körperlänge pro Tag angelegt. Je nach Art der Schädlinge befallen diese entweder den lebenden Baum, gelagertes oder verbautes Holz, Nadelholz oder Laubholz. Manche Schädlinge befallen auch beide Holzarten. Die Einteilung der Schädlinge sieht folgendermaßen aus:

- **Stammholzschädlinge**
  Befallen stehende Bäume, z. B.: Fichtenspinner, Kiefernspinner, Borkenkäfer, Pappelbock
- **Lagerholzschädlinge**
  Befallen lagerndes Holz, z. B.: Holzwespe, Bockkäfer
- **Gebäudeschädlinge**
  Befallen verbautes Holz, z. B.: Hausbock, Anobie, Holzwespe

Weiblicher Bockkäfer

Larve eines Bockkäfers

Bockkäfer im Fraßgang

Eine Reihe von Insekten befallen nur lebende Bäume und hinterlassen gegebenenfalls den Wert des Holzes mindernde Fraßgänge. Länger lebende Larven wie zum Beispiel die Holzwespe können über die Verarbeitung in das Bauwerk gelangen und erst dort ausfliegen. Das trockene, verbaute Holz wird aber von diesen Insekten nicht mehr befallen.

Gefährlich sind die Käfer, die sich in verbautem, trockenem Holz tummeln. Die über Jahre lebenden Larven zerstören den gesamten Querschnitt des Holzes. Die Käfer legen mehrere Hundert Eier ab, aus welchen nach zwei bis vier Wochen die Larven schlüpfen. Bei manchen Käferarten dauert es bis zu 15 Jahre, bis sich die Larve verpuppt und der Käfer schlüpft. In dieser Zeit besteht das Leben der Larven aus nichts anderem als fressen, fressen, fressen.

Gewöhnlicher Nagekäfer

Dieser Käfer (*Anobium punctatum*) zählt zu den schädlichsten Käferarten überhaupt. Die im ausgewachsenen Zustand 6 mm lange Larve, auch Anobie genannt, ist cremefarbig und leicht beharrt. Dieser Wurm befällt Laub- und Nadelhölzer genauso wie alte Möbel. Besonders gefährdet sind Konstruktionshölzer (Fachwerk, Dachbalken, Treppen und dergleichen), insbesondere bei hoher Holzfeuchte und mäßiger Temperatur. Die zahlreichen Fluglöcher (1–2 mm Durchmesser) dieses Nagekäfers durchlöchern die Holzoberfläche. Die unregelmäßig verlaufenden Fraßgänge sind mit Bohrmehl und kleinen Kotbällchen ausgefüllt.

wikimedia.org

Gewöhnlicher Nagekäfer

Fluglöcher des Gewöhnlichen Nagekäfers

Riesenholzwespe

Riesenholzwespe

Die weibliche Riesenholzwespe sticht mit ihrem Legebohrer das Holz an und legt ihre Eier zusammen mit Pilzsporen ab. Die Larven ernähren sich in der Folge von dem durch den Pilz aufbereiteten Holz.

Rossameise

Die größte heimische Ameise, die Rossameise, baut im Kernholz stehender Bäume, vor allem Fichten, mehrere Meter hohe labyrinthartige Nester. Bei gefallenen Bäumen bleiben diese Nester noch jahrelang erhalten.

Rossameise

wikimedia.org

Borkenkäfer

Labyrinthartige Nester der Rossameise

Borkenkäfer

Auch die Borkenkäfer sind berüchtigt. Der kleinere Borkenkäfer, auch Kupferstecher genannt, befällt hauptsächlich das obere Drittel der Fichtenbäume, also die Baumkrone. Der größere der beiden, auch Buchdrucker genannt, befällt auch den Stamm der Fichte.

Das wenige Millimeter große Weibchen frisst unter der Rinde einen senkrechten Gang mit seitlichen Nischen, in die es dann seine Eier ablegt.

Die Larven ernähren sich von den saftführenden Schichten des Baumes in der Rinde (Bastgewebe). Da diese die Lebensader des Baumes darstellen, führt der Befall meist zum Absterben des Baumes.

Die Larven fressen waagrechte Gänge, die sie dann am Ende zur Puppenwiege verbreitern. Je nach Klima und Temperatur entwickelt sich drei bis vier Wochen nach der Eiablage der Käfer. Die ausgeschlüpften Käfer nagen in der Folge ein Flugloch durch die Rinde, um ausfliegen zu können.

Gang, mit seitlichen Nischen …

… zur Eiablage.

Holzkrankheiten

Holzkrankheiten sind Schädigungen durch pflanzliche Holzzerstörer bzw. Holzbewohner. Sie dringen in die Zellwände ein und können dabei die Zellwand zerstören (Fäulnis). Als Fäulniserreger fungieren dabei Pilze. Die Pilze bestehen hauptsächlich aus Zellfäden, die insgesamt ein watteartiges Pilzgeflecht (Myzel) bilden.

Dieses durchzieht das Holz oder ist auf der Oberfläche sichtbar. Am Myzel entsteht der Fruchtkörper, ein flaches, fladenartiges Gebilde, das je nach Pilzart unterschiedlich in Form und Farbe ist. Die Nahrungsaufnahme erfolgt durch den Abbau der Holzzellen, wodurch das Holz zerstört wird. Im Besonderen werden Eiweißstoffe und Zucker verwertet. Die Pilze benötigen zu ihrer Entwicklung eine Temperatur von 15–30 °C sowie eine Holzfeuchte von über 20 %. Die Fortpflanzung erfolgt durch Sporen, die aus den reifen Fruchtkörpern verstäubt und durch Wind, Wasser oder Insekten auf andere Hölzer übertragen werden.

Je nach Ort des Befalls unterscheidet man:

- **Stammfäule**
  Krankhafter Befall am stehenden Baum
  Arten: Braunfäule, Weißfäule, Ringfäule, Kiefernbaumschwamm, Wurzelschwamm

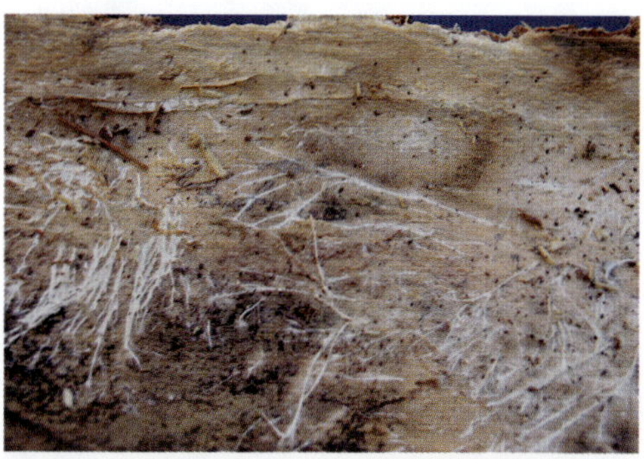

Pilzwurzel dringt in die Zellwände ein und zerstört dadurch die Holzzellen.

- **Lagerfäule**
  Krankhafter Befall am lagernden Holz
  Arten: Vergrauung, Verblauung, Rotstreifigkeit, Nass- und Moderfäule, Stockigkeit
- **Hausfäule**
  Krankhafter Befall von eingebautem Holz
  Arten: Echter Hausschwamm, Brauner Kellerschwamm, Weißer Porenschwamm

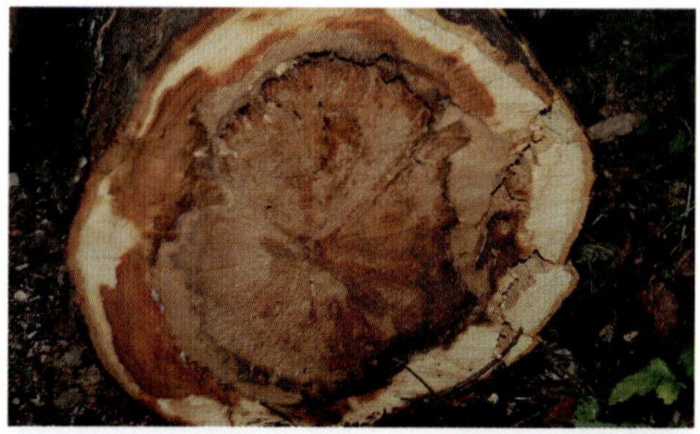

wikimedia.org

Stammfäule (oben) und durch Hausschwamm zerstörte Holzkonstruktion (unten)

Allgemeine Regeln zur Verhütung von Holzkrankheiten

- Sachgemäße Holztrocknung
- Richtige Holzlagerung
- Vorbeugende bautechnische Maßnahmen
- Konstruktiver Holzschutz (fachmännische Verarbeitung)
- Chemischer Holzschutz (Holzschutzmittel)

Stockiges Holz

Der Schutz des Holzes vor Feuchtigkeit über 20 % ist die beste Voraussetzung, um der Holzzerstörung durch Pilze entgegenzuwirken. Der Hausschwamm kann auch trockenes Holz selbst über seine Wurzelstränge (Myzel) befeuchten und ist daher der gefährlichste Holzzerstörer. Dem kunstvollen Drechsler sind diese oft sehr unliebsamen Holzzerstörer nicht unwillkommen, weil durch sie einige reizvolle Effekte erzielt werden können und so manches Kunstobjekt entsteht.

Holzzerstörende Pilze

Braunfäule

Auch Kernfäule oder Destruktionsfäule genannt. Ihre Pilze bauen hauptsächlich Zellulose ab und lassen rotbraunes Lignin übrig. Das befallene Holz ist meist rotbraun verfärbt. Die Braunfäule tritt am häufigsten bei Nadelholz auf.

Schadensbild: Würfelförmiger kurzer Bruch, Zellgerüst wird zerstört.

Wichtigster Braunfäuleerreger: Echter Hausschwamm

Weißfäule

Sie wird auch als Korrosionsfäule bezeichnet. Sie entsteht durch Pilze, die hauptsächlich Lignin abbauen. Die weißliche Zellulose bleibt übrig.

Schadensbild: Holz wird fasrig bzw. schwammig. Festigkeit und Gewicht nehmen ab, als Bauholz nicht mehr verwendbar.

Wichtigste Weißfäuleerreger: Schmetterlingsporling

Simultanfäule

Zellulose und Lignin werden gleichzeitig abgebaut.

Schadensbild: Holz weißlich verfärbt, dann vollständiger Zerfall durch Auftreten mehrerer verschiedener Pilzarten.

Holzverfärbende Pilzarten

Es gibt ca. 300 verschiedene Pilzarten. Die Pilzarten leben hauptsächlich von Holzinhaltsstoffen (Eiweiß, Stärke, Zucker u. a.). Die Holzsubstanz (Zellwand) wird nicht bzw. nur unwesentlich geschädigt.

Bläue

Die Bläue ist die wichtigste Verfärbung. Sie tritt vor allem bei der Kiefer, und zwar meistens im Splint auf. Der Befall ist jedoch auch bei anderen Holzarten möglich.

Schadensbild: Hauptsächlich unschöne bläuliche Verfärbungen des Splintes an der Oberfläche, aber auch tief im Holz. Die Pilzkörper können Anstriche beschädigen und zum Abplatzen bringen. Sehr oft auch unschöne blaubraune Flecken auf Brettern und Pfosten im Bereich der Stapelleisten.

Bläuepilz

Beschaffung von Nassholz

Am besten arbeitet man mit frisch gefälltem Holz. Ein Gespräch mit dem zuständigen Revierförster ermöglicht oft die Fällung von Sträuchern und anderen Gehölzern oder sogar kleinerer Bäume. Man sollte auch Landwirte fragen, welche im Frühjahr oft den Baumschnitt im Obstgarten verrichten. Meist finden sich die schönsten Materialien zum Nassholzdrechseln in einfachen Reisighaufen.

Auch Klaubholz, welches bei Schlägerungsarbeiten entsteht, eignet sich gut dafür. Grundsätzlich ist die Beschaffung von nassem Holz leichter als von trockenem. Auch kleine Aststücke, welche bei der Trocknung reißen würden, eignen sich hervorragend zum Nassholzdrechseln.

Oft findet sich das beste Material zum Nassholzdrechseln in einfachen Holzhaufen.

Drechselanleitungen für verschiedene Objekte

Passende Hölzer für das Grünholzdrechseln, die Lagerung und Aufbewahrung dieser Hölzer und wesentliche Holzmerkmale wurden in den vorangegangenen Kapiteln beschrieben. Nun geht es an die Herstellung von zehn sehr unterschiedlichen, aber durchwegs reizvollen Objekten aus nassem Holz. Angefangen mit einem kleinen gedrechselten Bäumchen und einer Kugel geht es hin zum Drechseln eines filigranen Langstielbechers, bei dem auch die Technik des Biegens zum Einsatz kommt. Auch einige elegante Schalen, zum Teil mit rustikalem Rindenrand, sowie einen Teller werden wir aus verschiedenen Hölzern herstellen.

Schalen und Schüsseln lassen sich aus verschiedenen Hölzern drechseln.

Gedrechseltes Bäumchen

Bäume begleiten uns ein Leben lang. Mit dem Geschenk eines Baumes ist die alte Tradition verbunden, einen Baum zu pflanzen, wenn ein wichtiges Ereignis im Leben, wie zum Beispiel Geburt, Hochzeit etc., stattfindet. Warum nicht mal ein dekoratives Bäumchen, welches von Hand gedrechselt wurde, verschenken? Dieses Werkstück kann so manches Blumenfenster verschönern oder in der Weihnachtszeit als Christbaumschmuck dienen. Besonders geeignete Hölzer sind Esche, Linde, Ahorn, Haselnuss und Birke.

Arbeitsanleitung

Das frische Rundholz wird auf ca. 200 mm abgelängt und zwischen Mitnehmer und Körnerspitze in der Drechselbank eingespannt. Mit der großen Röhre oder der Schüsselröhre wird das Werkstück zuerst rund gedrechselt. **(Abb. 1 + 2)**

Da das Werkstück „fliegend eingespannt" werden muss, damit die Bearbeitung am Hirnholz ermöglicht wird, wird an einer der beiden Enden ein konischer Ansatz für das Spannfutter gemacht. **(Abb. 3 + 4)**

Das Holz wird nun in das Backenfutter eingespannt und auf Rundlaufgenauigkeit geprüft. **(Abb. 5 + 6)**

Mittels Schüsselröhre, welche sich für den Nassholzbereich hervorragend eignet, formt man einen Konus. Man beginnt von der linken Seite mit der Spanabnahme und führt das Werkzeug zum rechten Rand hin, wobei man darauf achtet, dass ein Kegel entsteht. **(Abb. 7–9)** Schrittweise wird Material abgebaut und man achtet stets auf eine gerade Kontur. Die dabei entstehenden Späne bestätigen eine gute Schneide sowie den richtigen Schnittwinkel. **(Abb. 10 + 11)**

Die vordere Spitze wird leicht abgerundet, damit auch in diesem Endbereich noch genügend Material zu Verfügung steht. **(Abb. 12 + 13)**

Auf der linken Seite wird mit der kleinen Röhre eine Hohlkehle geformt, welche den Baumstamm darstellen soll. Man achte darauf, dass die Fase des Werkzeuges immer als Führung desselben dienen soll. **(Abb. 14–18)**

Abb. 1

Abb. 2

Abb. 3

Abb. 4

Abb. 5

Abb. 6

Abb. 7

Abb. 8

Abb. 9

Abb. 10

Abb. 11

Abb. 12

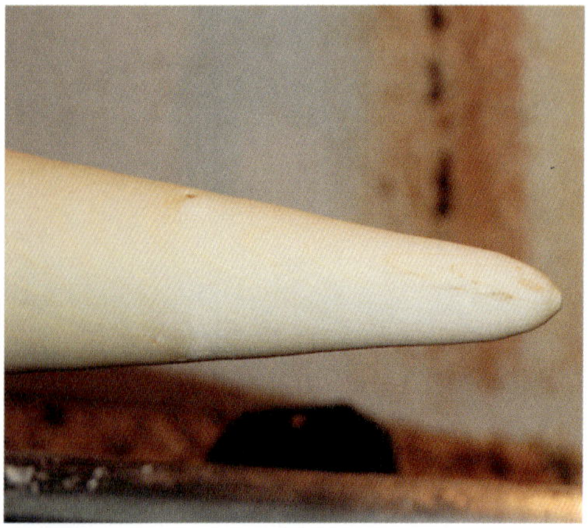

Abb. 13

Abb. 14

Abb. 15

Abb. 16

Abb. 17

Abb. 18

Mit dem kleinen oder mittleren Meißel beginnt man mit dem Drechseln des Astwerkes. Der Meißel wird schräg zur Drehachse gehalten und leicht aufgedreht, sodass die Fase am Werkstück entlanggleitet. Ähnlich wie beim Schlichten wird nun das Werkzeug angehoben, bis eine Spanabnahme erfolgt. Die Spanabnahme muss im Gegensatz zum Schlichten ausschließlich im Bereich des Meißelbartes erfolgen. **(Abb. 19)**

Nun wird der Meißel zur linken Seite hin geführt, wobei die Abnahme des Spans nicht zu groß ist und gleichmäßig erfolgen soll. Der Drechsler spürt sofort, wenn die Faser mit Leichtigkeit und wenig Kraftaufwand abgehoben werden kann. Die Länge der einzelnen Späne hängt von der Holzfeuchte, der Holzart und der Geduld des Drechslers ab. **(Abb. 20)**

Schrittweise wird nun Faser für Faser angehoben und zur vorhergehenden gedrechselt. Man sollte darauf achten, dass die Fasern nicht zu dick werden. **(Abb. 21–24)**

Mit abnehmendem Durchmesser verringert sich auch die Länge des Spans. Auch die vorderste Spitze wird bis zum kleinsten Holzspan bearbeitet. **(Abb. 25)**

Abb. 19

Abb. 20

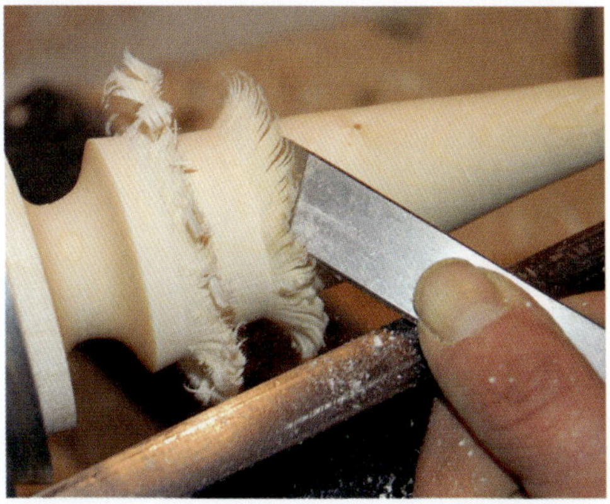

Abb. 21

Abb. 22

Abb. 23

Abb. 24

Abb. 25

Abb. 26

Der Baum ist nun fertig gedrechselt und kann am Sockel mit einer Handsäge abgesägt werden. Die Schnittspuren werden in weiterer Folge mit der Kantenschleifmaschine beseitigt. **(Abb. 26)**

Langstielbecher

Eine Besonderheit beim Drechseln von nassem Holz ist jene, dass sehr dünne Gegenstände mühelos hergestellt werden können, wie zum Beispiel der Stiel eines Bechers. Ich möchte besonders darauf hinweisen, dass jeder Drechsler selbst den Schwierigkeitsgrad bestimmen kann, indem er den Stiel mehr oder weniger dick gestaltet.

Für dieses Werkstück wurde Ahornholz verwendet. Es ist insbesondere darauf zu achten, dass der Kern dieses Rohlings frei von Rissen und Ästen ist. Des Weiteren sollen die Jahresringe schlicht und geradlinig zur Längsachse verlaufen. Auch eine ausgeprägte Markröhre macht das Drechseln von dünnen Stielen unmöglich.

Arbeitsanleitung

Zuerst wird ein ca. 30 cm langes Holzstück zwischen Körner und Mitnehmer eingespannt, rund gedrechselt und an einer Seite wird der konische Absatz zum Spannen im Backenfutter hergestellt. **(Abb. 1)**

Danach wird die gesamte Länge des Werkstückes mit der Röhre abgerichtet, wahlweise kann auch der große Meißel zum Schlichten verwendet werden. **(Abb. 2 + 3)**

Nun wird die Stirn- oder Hirnholzfläche mit der mittleren Röhre oder dem kleinen Meißel plan gedrechselt. Dabei liegt die Fase des Werkzeuges am Werkstück auf, um jenes führen zu können. **(Abb. 4)**

Jetzt wird mit dem Ausdrehen des Bechers begonnen. Dabei wird die „Überwurftechnik“ angewendet. Die Technik des Überwurfdrechselns wird im Hirnholzbereich, bei Pokalen, Eierbechern usw. angewendet. Erfolgt die Spanabnahme beim Drechseln an der Abwärtsrotation, so geschieht dies beim Überwurfdrechseln am aufsteigenden Material. Für diese Drechseltechnik wird eine kleine oder mittlere Röhre verwendet, wobei der Keilwinkel eher stumpf angeschliffen ist. Die Handauflage wird quer zum Holz und etwas unter die Mitte gestellt. Es ist wichtig, dass immer die Innenform vor der äußeren Formgebung gedrechselt wird, da sonst die Schwingungen und Vibrationen zu stark werden und das Hirnholz nicht mehr formbar ist. Mit der etwas schräg gestellten Röhre wird im Zentrum eine kleine Vertiefung gedrechselt. **(Abb. 5)**

Die Röhre wird aufgedreht und mit der Spitze der Schneidenlinie eingestochen. Danach wird die Schneide leicht nach vorn geschoben und nach außen gedrückt, wobei der Stahl unbedingt an der Kante anliegen muss, um das Werkzeug führen zu können. **(Abb. 6 + 7)**

Diese Technik wird nun bis zur gewünschten Tiefe wiederholt. **(Abb. 8–10)**

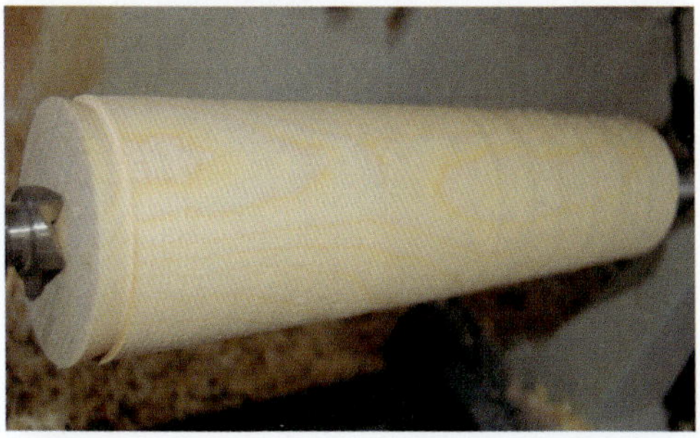

Abb. 1

Abb. 2

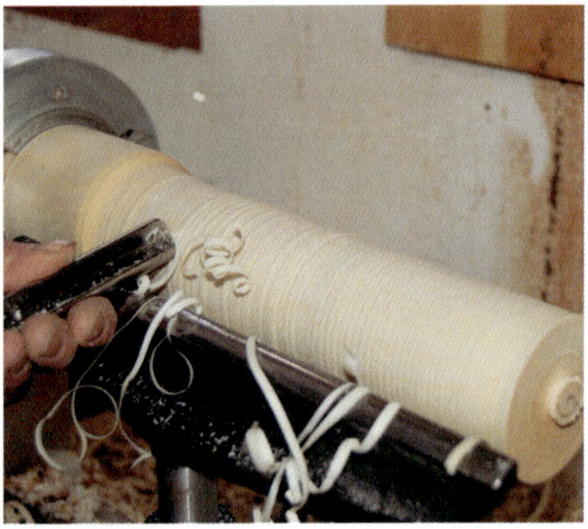

Abb. 3

Abb. 4

Abb. 5

Abb. 6

Abb. 7

Abb. 8

Abb. 9

Abb. 10

Ist die Innenform fertig und geschliffen, wird das Werkstück außen geformt. Zuerst wird das Innenmaß ermittelt und mit einer Zugabe von 1 cm außen aufgetragen. **(Abb. 11 + 12)**

Man drechselt eine große langgezogene Hohlkehle, um Material abzubauen. **(Abb. 13–16)**

Danach wird mit der kleinen Röhre die äußere Kontur geformt. Die Fase des Werkzeuges gleitet am Werkstück entlang und ermöglicht somit eine fast wellenfreie Oberfläche. **(Abb. 17–19)**

Der Durchmesser des Stiels von ca. 4 mm wird nun schrittweise hergestellt. Dabei ist darauf zu achten, dass die Spanabnahme sehr gering geschieht, um Vibrationen und einen möglichen Materialbruch zu vermeiden. **(Abb. 20)**

Abb. 11

Abb. 12

Abb. 13

Abb. 14

Abb. 15

Abb. 16

Abb. 17

Abb. 18

Abb. 19

Abb. 20

Je dünner Werkstücke ausgeführt werden, desto mehr Zeit muss man sich für die Spanabnahme nehmen. Ungeduld wird bestraft. Oft kommt es auch auf die Tagesverfassung des Drechslers an, ob ein Werkstück gelingt oder nicht. Bei schlechter Verfassung ist es besser, das Drechslerhandwerk nicht auszuüben und sich anderen Dingen zu widmen.

Nun kommt eine Vorrichtung zum Einsatz, die man Lünette nennt, welche das Drechseln von dünnen und langen Stielen ermöglicht. **(Abb. 21)**

Solche Lünetten sind im Fachhandel in den unterschiedlichsten Ausführungen erhältlich. Ich habe mir die Zeit genommen, um selbst eine herzustellen. Dabei handelt es sich um einen Holzwinkel, welcher zusammengeschraubt oder wie hier mit Fingerzinken verbunden ist. An der Unterseite wird ein Brett angebracht, welches genau zwischen das Bankbett passt. Mit einer Flügelmutter und einer Schraube sowie einem Stück Kunststoff wird der Winkel auf dem Bankbett montiert. Die zwei Backen werden am oberen Teil des Winkels befestigt, wobei diese auch nur aufgeschraubt werden können. Die Kerben der Backen, mit einem Radius von 3 mm, wurden angefeilt und sollen den Stiel halten. **(Abb. 22)**

Zusätzlich baute ich mir noch eine Verlängerung, mit deren Hilfe die Herstellung von Stielen mit einer Länge bis 400 mm und einem Durchmesser von nur 3 mm kein Problem darstellt. Die Ausführung dieser Vorrichtung ist variabel, wichtig ist lediglich, dass der Mittelpunkt der Kerben genau im Zentrum der Drehachse liegt. Am besten ermittelt man dieses Maß, indem man senkrecht vom Drehbankbett zur Zentrierspitze des Mitnehmers misst.

Die Lünette wird auf dem Bankbett montiert und die Backen werden zum Stiel geschoben. **(Abb. 23 + 24)**

Nun wird der Stiel gedrechselt, indem mit der Röhre zuerst Material abgebaut wird. **(Abb. 25–27)**

Der fertige Durchmesser wird mit dem kleinen Meißel gedrechselt, wobei das Werkstück mit der linken Hand festgehalten wird, um ein Vibrieren des Stiels zu vermeiden. **(Abb. 28)**

Der Meißel liegt am Werkstück auf und die Spanabnahme erfolgt in der Mitte der Schneidenlinie. Die Finger der linken Hand umklammern das Werkstück und der Daumen liegt am Werkzeug. Langsam, in kleinen Schritten und mit wenig Spanabnahme wird der Stiel zum gewünschten Durchmesser gedrechselt und geschliffen. **(Abb. 29 + 30)**

Abb. 21

Abb. 22

Abb. 23

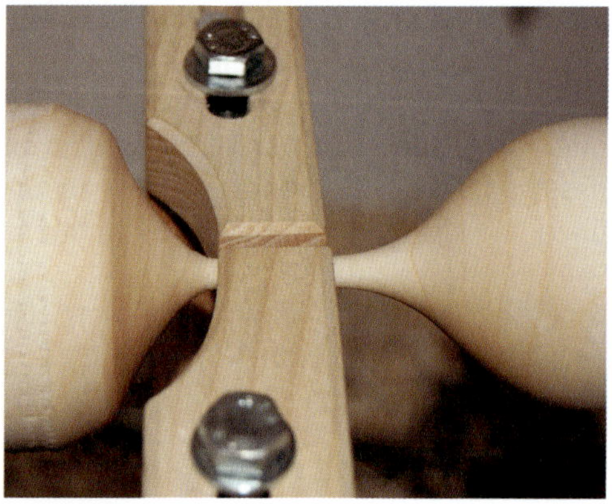

Abb. 24

Abb. 25

Abb. 26

Abb. 27

Abb. 28

Abb. 29

Abb. 30

Danach wird die Verlängerung der Lünette montiert, um die nachfolgenden Arbeitsschritte zu erleichtern. **(Abb. 31 + 32)** Wiederum wird Material abgebaut. **(Abb. 33)**

Eine beliebte Verzierung bei Längsholzarbeiten ist der „gefangene Ring". Dieser versetzt den Betrachter immer wieder in Erstaunen und lässt ihn rätseln, wie der Ring wohl in die Drechslerarbeit eingearbeitet wurde.

Ich werde nun einen solchen Ring drechseln, indem ich mit dem kleinen Meißel links und rechts einsteche. Die Größe des Ringes ist vom bestimmten Durchmesser vorgegeben. **(Abb. 34–36)**

Mit der kleinen Röhre forme ich den Rundstab, wobei ich auf die Symmetrie achte. **(Abb. 37 + 38)**

Mit dem Hackenmesser, welches von mir aus einem kleinen Meißel umgeformt worden ist, wird die Innenseite des Ringes bearbeitet. **(Abb. 39)**

Abwechselnd wird von links und rechts eingestochen, wobei die Bearbeitung kreisförmig verläuft. Hat sich der Ring vom übrigen Holz gelöst, kann dieser nach vorn geschoben werden. **(Abb. 40–42)**

Abb. 31

Abb. 32

Abb. 33

Abb. 34

Abb. 35

Abb. 36

Abb. 37

Abb. 38

Abb. 39

Abb. 40

Abb. 41

Abb. 42

Mittels Klebeband wird dieser an der Lünette befestigt, damit er bei der weiteren Bearbeitung nicht im Weg ist. **(Abb. 43)** Nun wird mit der Röhre und dem Meißel der Stiel ein Stück weitergedrechselt. **(Abb. 44–46)**

Die Verlängerungen der Lünette werden nun ein wenig nach vorn gesetzt. **(Abb. 47 + 48)**

Mit der Röhre wird am Ende des Stiels eine Hohlkehle geformt, welche den Übergang zum Sockel bildet. **(Abb. 49 + 50)**

Mit dem kleinen Meißel wird die Sockelhöhe bestimmt, wobei man mit der Meißelspitze einsticht. **(Abb. 51)**

Danach wird der Langstielbecher fertig gedrechselt und geschliffen. **(Abb. 52 + 53)**

Mit einer Feinsäge wird das Werkstück von übrigem Holz getrennt. **(Abb. 54–56)**

Die Stirnholzfläche des Sockels wird an der Bandschleifmaschine geschliffen, wobei auf eine mögliche Wärmeentwicklung zu achten ist, um Trockenrisse zu vermeiden. **(Abb. 57 + 58)**

Der gedrechselte Ring kann wahlweise am Sockel liegen oder am Stiel aufgeleimt werden. **(Abb. 59 + 60)**

Eine weitere kreative Formgebung stellt das Biegen des Stieles dar. **(Abb. 61)**

Abb. 43

Abb. 44

Abb. 45

Abb. 46

Abb. 47

Abb. 48

Abb. 49

Abb. 50

Abb. 51

Abb. 52

Abb. 53

Abb. 54

Abb. 55

Abb. 56

Abb. 57

Abb. 58

Abb. 59

Abb. 60

Abb. 61

Schon 1830 befasste sich Michael Thonet mit dem Biegen von Holz. Seine einzigartigen Bugholzmöbel sind zum Teil heute noch in so manchem Kaffeehaus vorhanden. Geeignete Hölzer sind Buche, Esche, Eiche, Linde und Birke. Beim Biegen von Holz wird die Innenseite gestaucht und die äußere Seite gedehnt. Dabei stellt das Stauchen im Gegensatz zum Dehnen kein Problem dar. Holz hat die Eigenschaft, sich leicht stauchen zu lassen. Holz zu verlängern ist jedoch viel schwieriger, da die Bruchgefahr sehr hoch ist. Beim Biegen von Holz spielt der in der Zellwand eingelagerte organische Stoff, welcher Lignin genannt wird, eine wesentliche Rolle. Lignin dient als Festigungselement der Zelle und ist für ihre Verholzung verantwortlich. Ist das Lignin angeweicht, lassen sich beim Biegen die Holzzellen gegeneinander verschieben. Diese Zellen verhaken sich nach dem Trocknen wieder miteinander und die Form bleibt stabil. Bei nassem Holz sind die Voraussetzungen zur Verformung am besten. Ein Rohr, welches an einem Ende abgedichtet wurde, wird mit kochendem Wasser befüllt. Dieses Rohr dient nun als sogenanntes Biegeeisen. Das aus frischem Holz gedrechselte Werkstück kann nun per Hand um das Rohr geformt werden. **(Abb. 62–64)**

Dabei achte man darauf, dass der Anpressdruck immer gleichmäßig erfolgt. Mit viel Geduld und in kleinen Schritten wird der Stiel gebogen. **(Abb. 65 + 66)**

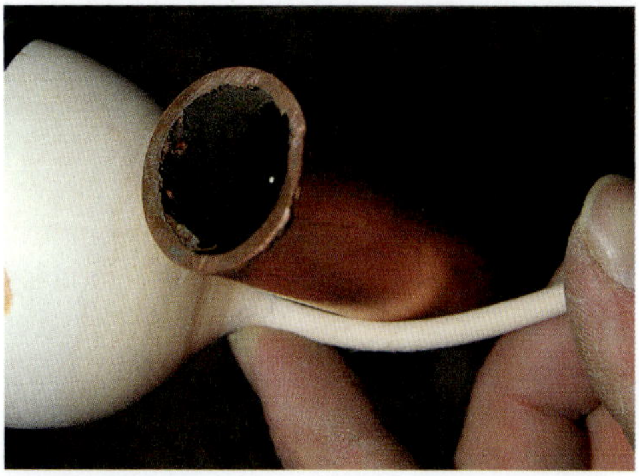

Abb. 62

Abb. 63

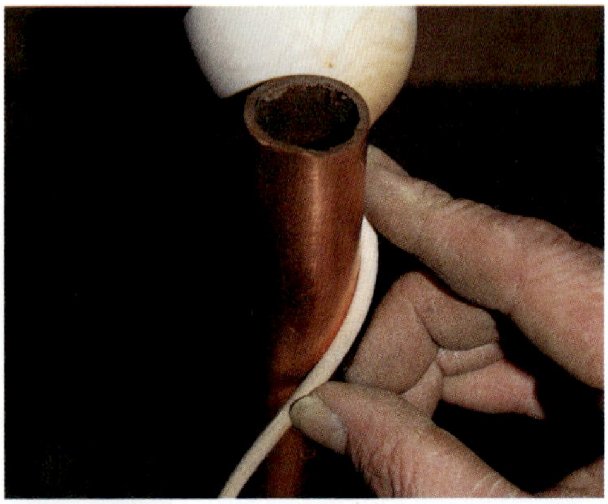

Abb. 64

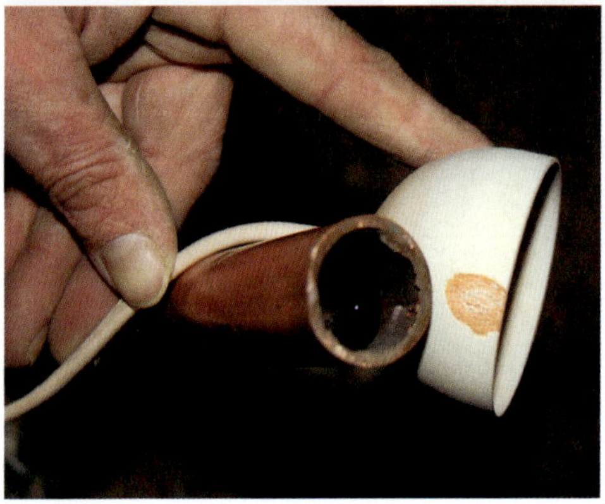

Abb. 65

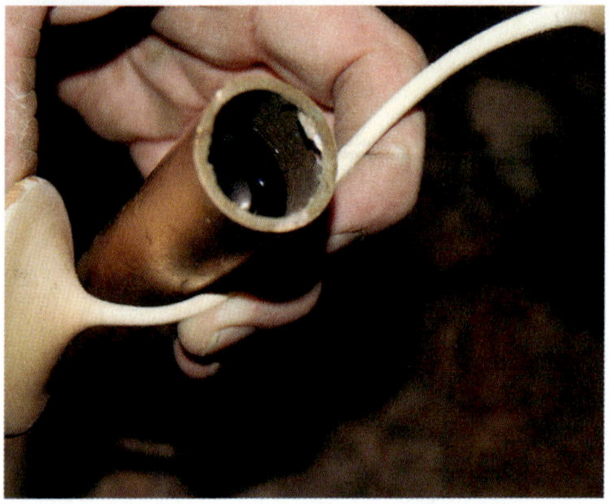

Abb. 66

Durch die Hitze des Rohres trocknet die Innenseite schneller als die äußere, was den Biegevorgang erleichtert. Nach wenigen Minuten bleibt die Form bereits stabil.

Man achte stets auf die Gefahr des Verbrennens durch das heiße Rohr.

Besonders wichtig ist, dass das zu biegende Holz nass genug ist. Es kann vorkommen, dass sich wintergeschlägertes oder zu lange gelagertes Holz nicht mehr biegen lässt. Hier schafft das Dämpfen Abhilfe. Allerdings ist zu beachten, dass eine bestimmte Restfeuchte des Holzes von mindestens 20–30 % vorhanden ist. **(Abb. 67)**

In einem Spaghettikochtopf wird das Werkstück eine Stunde lang gedämpft. Dadurch wird das Lignin angeweicht und das Biegen ermöglicht. **(Abb. 68)**

Nun wird das Werkstück über ein Rohr gebogen. **(Abb. 69–70)**

Man muss den Holzzellen die Zeit lassen, um sich verschieben zu können. Ein zu rasches Biegen führt unweigerlich zum Faserbruch. Es ist außerdem wichtig, mit den Fingern an der Außenseite einen Gegendruck zu erzeugen. Das Biegen erfolgt mit mäßigem Druck und gleichmäßig.

Beim Überkreuzen der beiden Enden ist besondere Vorsicht geboten. **(Abb. 71–73)**

Wurde das Werkstück in die gewünschte Form gebracht, wird es mittels Bindedraht fixiert. **(Abb. 74)**

Nach ein bis zwei Tagen kann der Draht entfernt und das Werkstück von der Biegeform genommen werden. **(Abb. 75)**

Beim Biegen eines ganzen Kreises ist darauf zu achten, dass das Verhältnis zwischen dem Durchmesser des Stiels und dem Durchmesser des Rohres ca. 1 : 10 beträgt. Das heißt, beträgt der Stieldurchmesser 4 mm, so muss der Rohrdurchmesser ca. 40 mm betragen.

Dies ist jedoch nur eine Faustformel, die Biegsamkeit von Holz ist stark von Holzfeuchtigkeit, Holzstruktur und Holzbeschaffenheit abhängig.

Man beachte auch, dass die Stiellänge mindestens 3,14-mal so lang wie der Rohrdurchmesser sein muss. **(Abb. 76)**

Mit viel Geduld, einigen Versuchen sowie einigen Rückschlägen sammelt der Handwerker die nötigen Erfahrungen, um Holz einfach zu biegen und somit wertvolle Liebhaberstücke entstehen zu lassen.

Abb. 67

Abb. 68

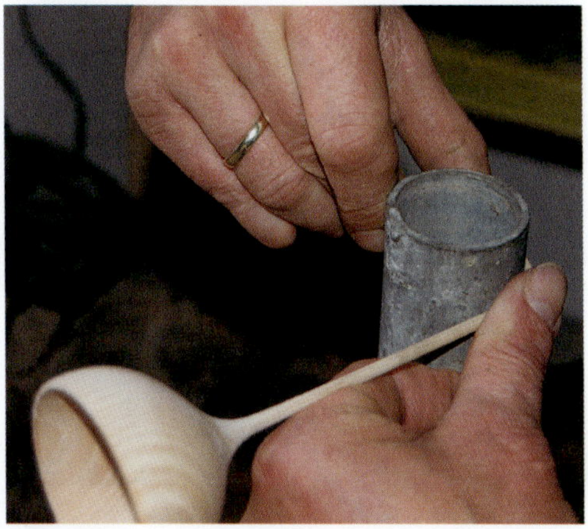

Abb. 69

Abb. 70

Abb. 71

Abb. 72

Abb. 73

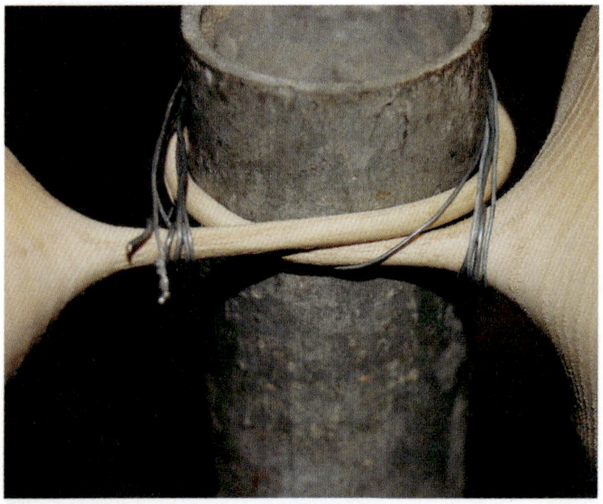

Abb. 74

Abb. 75

Abb. 76

Blumenvase

Eine besondere Art des Drechselns mit nassem Holz ist bestimmt die Herstellung von Vasen. Diese können in Form, Größe und Ausführung so verschieden sein, dass der Kreativität fast keine Grenzen gesetzt werden. Für dieses Werkstück habe ich Kirschbaumholz ausgewählt.

Arbeitsanleitung

Das Holz wird wiederum in das Backenfutter eingespannt, abgerichtet und an der Stirnholzfläche plan gedrechselt. **(Abb. 1 + 2)** Da die Vase innen ausgebohrt wird, wird im Zentrum der Drehachse, an der Hirnholzfläche, mit der Meißelspitze eine Kerbe gestochen. Diese soll den Bohrer führen und ihm den nötigen Halt geben. **(Abb. 3 + 4)** In die Pinole des Reitstockes wird ein Bohrfutter eingesetzt. **(Abb. 5)** Mit einem Bohrer wird das Material ausgebohrt. **(Abb. 6 + 7)** Mit der kleinen Röhre wird der obere Rand etwas nach außen gezogen. Die Spanabnahme erfolgt an der linken Seite der Schneidenlinie. **(Abb. 8 + 9)** Die Länge des Werkstücks wird bestimmt, indem man zum Innenmaß 1 cm zugibt und außen aufträgt. **(Abb. 10 + 11)**

Mit dem kleinen Meißel wird dann eine Kerbe gestochen, um die Werkstücklänge zu definieren. **(Abb. 12)**

Abb. 1

Abb. 2

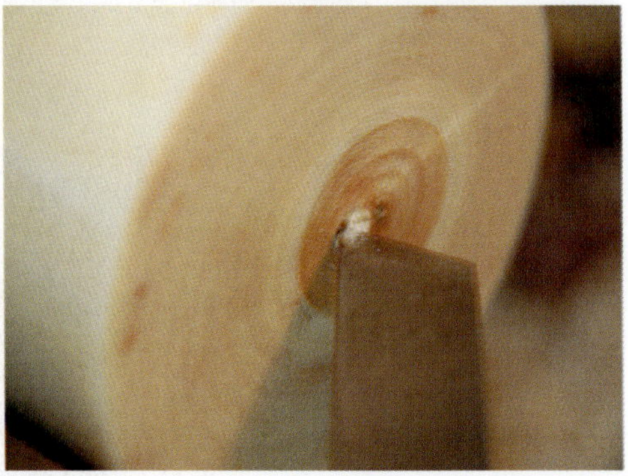

Abb. 3

Abb. 4

Abb. 5

Abb. 6

Abb. 7

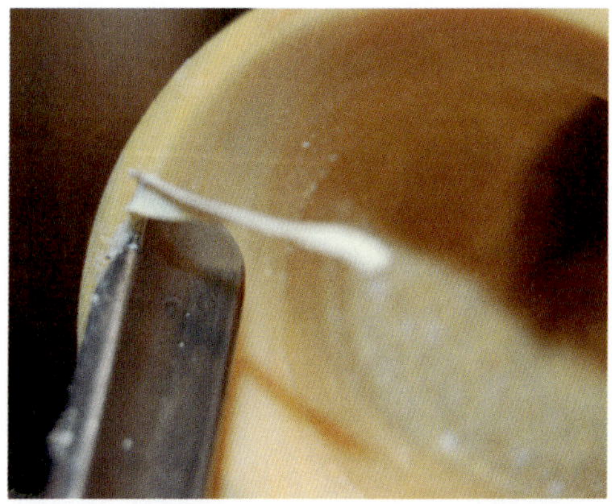

Abb. 8

Abb. 9

Abb. 10

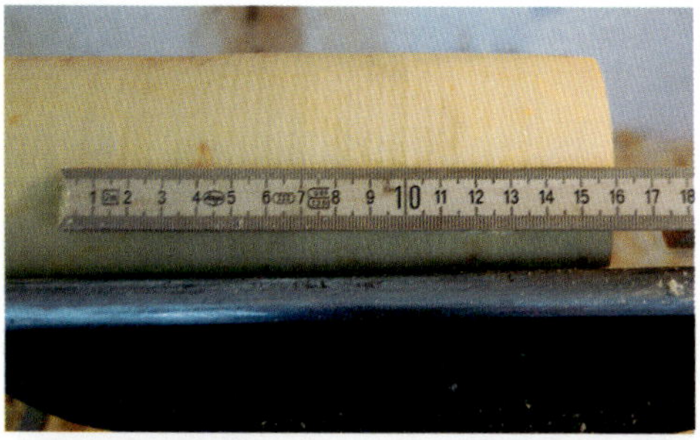

Abb. 11

Abb. 12

Jetzt wird die Vase auf die richtige Wandstärke von 2 mm gedrechselt. Dazu kann die kleine, mittlere oder große Röhre verwendet werden, wobei man stets auf die richtige Schnittwirkung achten soll. So werden unschöne Ausrisse und Vibrationen vermieden. **(Abb. 13 + 14)**

Um die fertige Wandstärke sowie deren Gleichmäßigkeit kontrollieren zu können, tastet man diese regelmäßig mit den Fingern ab. Dabei befinden sich der Daumen im Loch und die restlichen Finger an der Außenseite der Vase. Schrittweise erfolgen dann die einzelnen Korrekturen mit der kleinen Röhre. **(Abb. 15 + 16)**

Eines der wichtigsten Hilfsmittel der Nassholzdrechslerei ist das Licht. Durch Lichtquellen können die einzelnen Materialstärken sichtbar gemacht werden. Dafür habe ich mir für den Reitstock einen Lampeneinsatz gefertigt. Dieser besteht aus einem Konus, welcher in der Pinole sitzt. In einem gebohrten Loch wird eine handelsübliche Glühbirnenfassung befestigt. Ein weiteres Loch dient zur Kabelführung der Stromversorgung. **(Abb. 17)**

Die Lampe kann nun stufenlos per Handrad in die Vase gekurbelt werden. **(Abb. 18)** Durch den Lichtschein wird nun die Materialstärke deutlich erkennbar. Dicke Wandstärken erscheinen dunkler als helle. Mit der kleinen Röhre wird gleichmäßig und schrittweise gedrechselt, bis das Material gleich hell erscheint. **(Abb. 19–21)**

Eine gute Schneide sowie gleichmäßige und geringe Spanabnahme sind ein Garant für ein erfolgreiches Gelingen. **(Abb. 22 + 23)**

Mit einem Schleifgitter, welches sich hervorragend für Nassholz eignet, wird nun das Werkstück geschliffen. **(Abb. 24)**

Abb. 13

Abb. 14

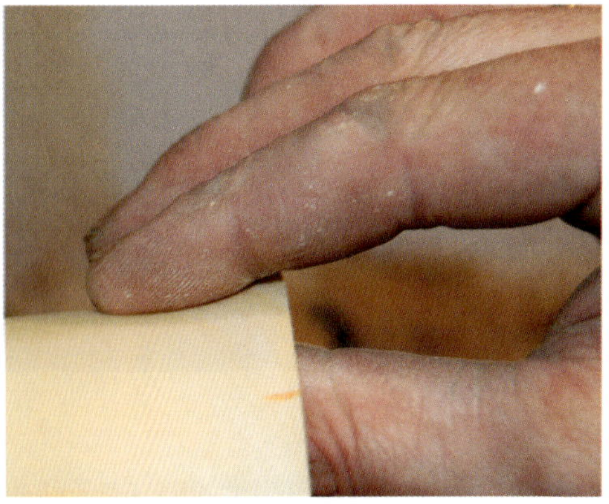

Abb. 15

Abb. 16

Abb. 17

Abb. 18

Abb. 19

Abb. 20

Abb. 21

Abb. 22

Abb. 23

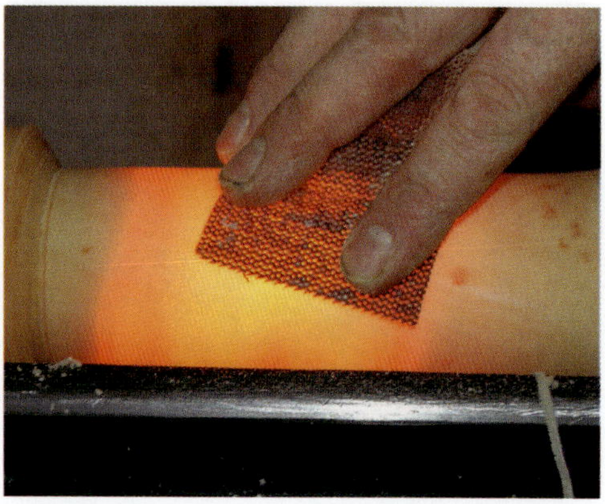

Abb. 24

Verklebtes Schleifvlies, verursacht durch die Holzfeuchte, kann mittels Druckluft von hinten gereinigt werden. **(Abb. 25–27)**

Ebenso kann dieses Schleifmittel in einem Kübel voll Wasser ausgewaschen werden. Durch das durchscheinende Licht kann der Sockel der Vase leicht erkannt werden und gegebenenfalls noch dünner ausgeführt werden. Mit dem kleinen Meißel wird eine Kerbe von ca. 10 mm gestochen. **(Abb. 28–30)** An der Sockelkante sorgt eine kleine Rundung, welche mit der kleinen Röhre gedrechselt wird, für einen harmonischen Abschluss. **(Abb. 31)**

Die Rundung wird noch geschliffen und die Vase mit der Feinsäge abgeschnitten. Der Boden wird mit der Kantenschleifmaschine plan geschliffen. **(Abb. 32–34)**

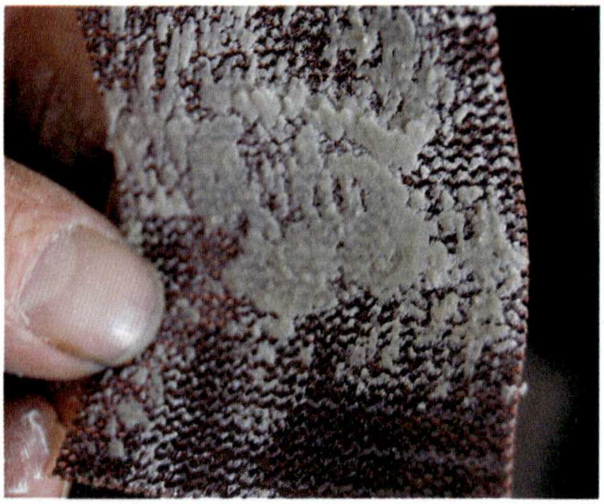

Abb. 25

Abb. 26

Abb. 27

Abb. 28

Abb. 29

Abb. 30

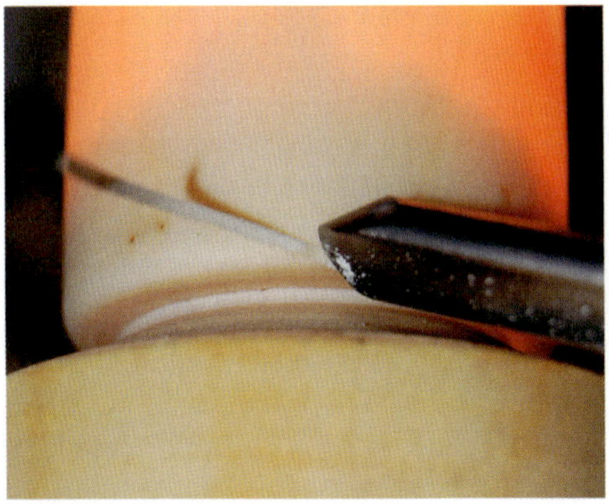

Abb. 31

Abb. 32

Abb. 33

Abb. 34

Langholzdose

Diese Arbeit ist nicht unbedingt mit Nassholz verbunden, doch aufgrund der sehr hohen Holzfeuchte und der vielen interessanten Arbeitsschritte sowie Aufspanntechniken und Arbeitsweisen möchte ich dieses Thema nicht vernachlässigen. Ein Pilzbefall oder Insektenbefall, in manchen Fällen sogar beides, geben diesem Werkstück eine besondere Note. Diese Hölzer sind durch ihre besondere Zeichnung bei den Drechslern sehr beliebt. Am besten eignen sich dafür Buche oder Birke.

Das Holz mehrere Monate am feuchten Boden zu lagern, …

… macht das Holz stockig.

Von Pilzen befallenes Holz, auch stockiges Holz genannt, ist leicht hergestellt. Da im Holz bereits die nötigen Pilzsporen vorhanden sind, muss man diese nur zur Weiterbildung bringen. Diese Pilze bilden äußerlich Fruchtkörper. Die stark ausgeprägten Kanten und Farbunterschiede sind eine Abwehrreaktion zwischen den einzelnen Pilzen. Da sie Feuchtigkeit benötigen, kann das Holzstück einfach mehrere Monate am feuchten Boden ohne Sonneneinstrahlung gelagert werden.

Eine weitere und schnellere Möglichkeit ist das Verpacken des feuchten Holzes in eine Plastiktüte. Die Zeit entscheidet dabei über das Resultat. Daher sollte wöchentlich kontrolliert werden, ob das Holz bereits das gewünschte Ergebnis aufweist.

Beim Verarbeiten muss darauf geachtet werden, dass die Holzstäube nicht in die Atemwege gelangen. Daher muss unbedingt eine handelsübliche Staubmaske getragen werden.

Das Holz wird auf der Bandsägemaschine zugeschnitten. Es ist darauf zu achten, ob sich an den Hirnholzrändern unerwünschte Trockenrisse gebildet haben. Je nach Art der Trocknung sind diese mehr oder weniger stark ausgeprägt.

Das Holz mit einer Säge zuschneiden

Arbeitsanleitung

Das fertig zugerichtete Holzstück wird zwischen Mitnehmer und Körner eingespannt und fast rund gedrechselt. Dabei sollten noch geringfügige Flächen übrig bleiben, damit das Werkstück später am Bandsägetisch sicher aufliegt und die Verletzungsgefahr minimiert wird. Die Maserung oder Zeichnung des Holzes soll vom Deckel bis zum Boden durchgehen. **(Abb. 1 + 2)**

Links und rechts des Werkstückes wird ein konischer Ansatz gedrechselt, welcher zum Spannen im Backenfutter dient. **(Abb. 3 + 4)**

Danach wird mit der Bandsäge der Deckel von der Dose getrennt, wobei die gerade Fläche auf dem Maschinentisch aufliegt, damit ein Drehen des Holzes vermieden wird. **(Abb. 5)**

Zuerst wird der Deckel in das Spannfutter eingespannt. **(Abb. 6)**

Mit der kleinen Röhre wird die Stirnholzfläche plan gedrechselt. Man sticht mit der Spitze der Schneidenlinie ein, dreht die Röhre etwas auf und drechselt zur Mitte hin. Dabei gleitet die Fase am Werkstück entlang, um eine optimale Führung zu erreichen. **(Abb. 7 + 8)**

Danach wird das Werkstück auf den gewünschten Durchmesser gebracht. **(Abb. 9 + 10)** Innen wird der Deckel ausgebohrt, wobei man die Drehzahl verringert und somit die Wärmeentwicklung vermindert. **(Abb. 11)**

Mit der Meißelspitze des großen Meißels wird die Innenform fertig gedrechselt. **(Abb. 12–14)** Das Längenmaß wird mit einem Maßstab ermittelt und mit einem Bleistift markiert. **(Abb. 15 + 16)**

Mit dem kleinen Meißel wird eine Kerbe gestochen, um die Länge zu fixieren. **(Abb. 17)**

Ein Rundstab wird geformt. Mit dem kleinen Meißel wird eingestochen und mit der kleinen Röhre der Rundstab geformt. **(Abb. 18 + 19)**

Nun wird die Außenform des Deckels fertiggestellt. Eine Hohlkehle entsteht und eine Rundung an der Oberseite des Deckels wird angedreht. **(Abb. 20–22)**

Abb. 1

Abb. 2

Abb. 3

Abb. 4

Abb. 5

Abb. 6

Abb. 7

Abb. 8

Abb. 9

Abb. 10

Abb. 11

Abb. 12

Abb. 13

Abb. 14

Abb. 15

Abb. 16

Abb. 17

Abb. 18

Abb. 19

Abb. 20

Abb. 21

Abb. 22

Mit der Feinsäge wird das Werkstück abgesägt. **(Abb. 23–25)**

Als Nächstes wird das Holzstück für die Dose eingespannt und mit dem Schlichtmeißel geschlichtet. Die Spanabnahme erfolgt im unteren Drittel der Schneidenlinie und die Fase gleitet am Werkstück entlang, um eine perfekte Oberfläche zu erreichen. **(Abb. 26 + 27)**

Mit der Schiebelehre, oder auch Maßschieber genannt, wird das Innenmaß des Deckels gemessen, um die Falzgröße der Dose zu ermitteln. **(Abb. 28)** Dieser Falz dient in der Folge als Aufspannvorrichtung für die Deckelbearbeitung. Mit dem kleinen Meißel wird der Falz gefertigt. Mit der Meißelspitze wird eingestochen und schräg dazu eine Kerbe gemacht.

Die Spanabnahme längs zur Faser erfolgt mit dem Meißelbart. **(Abb. 29–31)**

Mit der Schiebelehre wird gemessen und gegebenenfalls nachgedreht, wobei man darauf achtet, dass der Deckel etwas streng passt, damit er für die weitere Bearbeitung einen festen Halt bietet.

Eine kleine Fase an der Kante des Falzes erleichtert das Aufsetzen des Deckels. **(Abb. 32–34)**

Abb. 23

Abb. 24

Abb. 25

Abb. 26

Abb. 27

Abb. 28

Abb. 29

Abb. 30

Abb. 31

Abb. 32

Abb. 33

Abb. 34

Nun kann die Stirnseite des Deckels mühelos geformt werden. Dies geschieht mit der kleinen Röhre vom Rand zum Zentrum hin. **(Abb. 35–37)**

Mit einem Leinenschleifpapier der Körnung 120 und 150 wird das Werkstück geschliffen und abgenommen. **(Abb. 38 + 39)**

Dann wird die Dose ausgebohrt, die Länge ermittelt und aufgetragen. **(Abb. 40 + 41)**

Mit dem großen Meißel wird der Rand gedrechselt, um das richtige Maß und eine saubere Oberfläche zu erreichen. **(Abb. 42 + 43)**

Am Boden der Dose wird mit dem kleinen Meißel großzügig eingestochen. **(Abb. 44)**

Der Durchmesser des Deckels wird ermittelt, damit er an den der Dose angeglichen werden kann. **(Abb. 45–48)**

Mit der kleinen Röhre kann jetzt die Außenform der Dose fertiggestellt werden. Dabei ist darauf zu achten, dass nur wenig Span abgenommen wird, um ein Vibrieren des Werkstückes zu vermeiden. Dies hätte einen möglichen Bruch oder eine unschöne Oberfläche zur Folge. **(Abb. 49 + 50)** Danach wird die Dose geschliffen. **(Abb. 51)**

Abb. 35

Abb. 36

Abb. 37

Abb. 38

Abb. 39

Abb. 40

Abb. 41

Abb. 42

Abb. 43

Abb. 44

Abb. 45

Abb. 46

Abb. 47

Abb. 48

Abb. 49

Abb. 50

Abb. 51

Abb. 52

Ein Rundstab, welcher mit einer Säge eingeschnitten wurde und in den ein Leinenschleifpapier eingeschoben ist, dient als Schleifhilfe. Der Durchmesser des Rundstabs muss deutlich kleiner sein als die zu schleifende Öffnung. Da das Schleifpapier nicht weiter befestigt wird, ist ein Austausch des Papiers einfach und unproblematisch möglich. Mit dieser Hilfe kann die Dose innen geschliffen werden. **(Abb. 52–53)**

Mit der Feinsäge wird das Werkstück vom übrigen Holz getrennt und der Boden auf der Kantenschleifmaschine plan geschliffen. **(Abb. 54–57)**

Dose und Deckel sind aus einem Stück Holz gefertigt, wobei die Zeichnung vom Deckel bis zum Boden durchläuft. **(Abb. 58)**

Abb. 53

Abb. 54

Abb. 55

Abb. 56

Abb. 57

Abb. 58

Kugel

Kugeln sind nicht nur beliebte Spielsachen, sondern auch sehr dekorative Kunstgegenstände. Diese Kugel wurde aus Kirschenholz gefertigt. Äste, Wucherungen und andere Holzmerkmale sind für dieses Werkstück willkommene Strukturgestalter.

Arbeitsanleitung

Das nasse Holzstück wird in die Drechselbank eingespannt und rund gedrechselt. Durch das unrunde Werkstück ist besonders auf die stets richtige Drehzahl sowie auf die korrekte Einstellung der Handauflage zu achten. **(Abb. 1)**

Langsam wird die Schüsselröhre an das Werkstück geführt, bis die Spanabnahme erfolgt. Nach einigen Arbeitsschritten ist das Holz rund gedrechselt und kann auf den richtigen Durchmesser gebracht werden. **(Abb. 2 + 3)**

Mit der Schiebelehre wird der Durchmesser der gedrechselten Walze gemessen und der Länge nach aufgetragen. **(Abb. 4 + 5)**

Mit dem kleinen Meißel wird links und rechts abgestochen, wobei abwechselnd mit der Meißelspitze gerade und schräg gestochen wird. **(Abb. 6–8)**

Mittels Bleistift wird die Mitte der Kugel markiert. **(Abb. 9)**

Zwei Schablonen aus einer 4 mm dicken Sperrholzplatte werden mit der Stichsäge hergestellt, wobei eine für die Außenform und die andere für das Einspannfutter der Kugel bestimmt ist. **(Abb. 10)**

Mit der mittleren Röhre wird die Kugel geformt. Die Fase des Werkzeugs liegt am Holz auf, um eine saubere Oberfläche zu erlangen. **(Abb. 11)**

Ist eine Hälfte fertig, wird die zweite Hälfte gedrechselt. **(Abb. 12 + 13)**

Die Schablone dient zur Kontrolle der gedrechselten Kontur. **(Abb. 14)**

Abb. 1

Abb. 2

Abb. 3

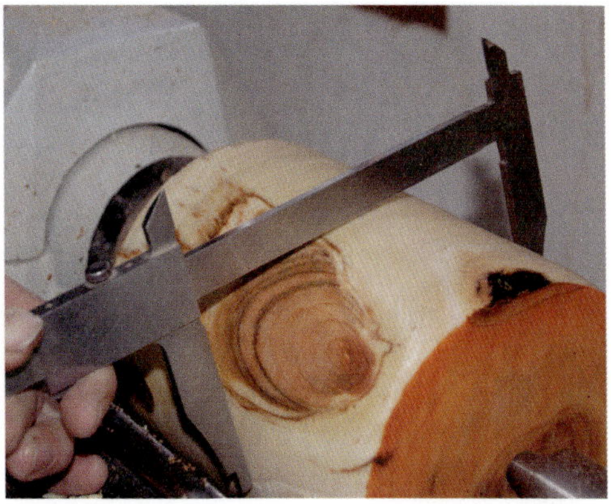

Abb. 4

Abb. 5

Abb. 6

Abb. 7

Abb. 8

Abb. 9

Abb. 10

Abb. 11

Abb. 12

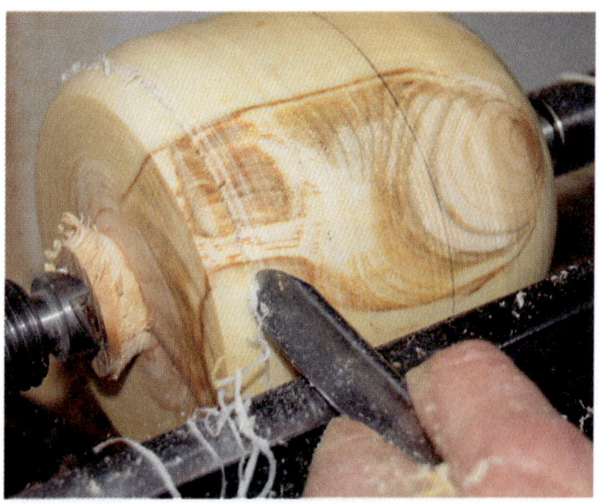

Abb. 13

Abb. 14

Mit dem Bleistift werden jene Bereiche markiert, welche noch zu viel Material aufweisen. **(Abb. 15)**

Schrittweise und geduldig wird die Form korrigiert, besonders wichtig ist, dass man mehrmals mit der Schablone kontrolliert. **(Abb. 16 + 17)**

Mit dem großen Schlichtmeißel können am Ende noch kleine Rillen und Unebenheiten behutsam nachgeschabt werden. Da es sich bei diesem Arbeitsschritt um eine schabende Spanabnahme handelt, ist eine perfekte Schneide notwendig. **(Abb. 18)**

Stimmt die Kugel mit dem Halbkreis der Schablone überein, wird in der Mitte eine kleine Vertiefung in Form einer Hohlkehle gedrechselt. Diese sollte nur etwa 2–3 mm tief sein. **(Abb. 19–22)**

Nun wird die Kugel ausgespannt und die Enden werden abgesägt. **(Abb. 23)**

Für das Einspannfutter der Kugel muss man trockenes Holz verwenden. Ich habe Birkenholz gewählt, weil dieses auch in großen Dimensionen sehr wenige und nur kleine Trockenrisse bildet. Das Holz wird wieder mit dem Backenfutter gespannt und plan gedrechselt. **(Abb. 24)**

Abb. 15

Abb. 16

Abb. 17

Abb. 18

Abb. 19

Abb. 20

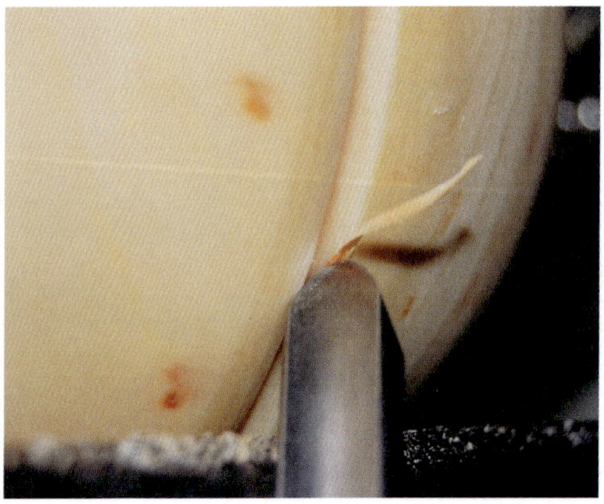

Abb. 21

Abb. 22

Abb. 23

Abb. 24

Mittels Überwurftechnik wird nun die Negativform der Kugel ausgehöhlt. **(Abb. 25 + 26)**

Mit dem Spitzzirkel wird das Maß der Kugel aufgetragen. Dabei sticht die linke Zirkelspitze ein und die rechte dient zur Kontrolle. **(Abb. 27)**

Da die Kugel nicht bis zur Mitte im Futter sitzen soll, beträgt das Maß 5 mm weniger als der Durchmesser der Kugel. Wird die Kugel bis zur Mitte gespannt, ist ein sauberer Übergang nicht möglich. Mit viel Geduld und stetiger Kontrolle mit der Schablone wird die Spannvorrichtung gedrechselt. **(Abb. 28–30)**

Die Kugel wird nun um 90 Grad gedreht und in das gefertigte Futter gespannt. Diese Technik des Drechselns garantiert eine perfekt runde Kugel. Ein leichter Schlag mit dem Hammer und die Kugel sitzt. **(Abb. 31 + 32)**

Wer jetzt glaubt, das hält nicht, irrt sich. Je genauer die beiden Konturen übereinstimmen, desto fester sitzt die Kugel im Futter. Oft sind viele Schläge mit dem Hammer auf das Futter notwendig, um die Kugel wieder zu lösen.

Mittels Reitstock und der Zentrierspitze des Mitlaufkörners wird die Kugel exakt positioniert. Dabei muss die gedrechselte Hohlkehle

Abb. 25

Abb. 26

Abb. 27

Abb. 28

Abb. 29

Abb. 30

Abb. 31

Abb. 32

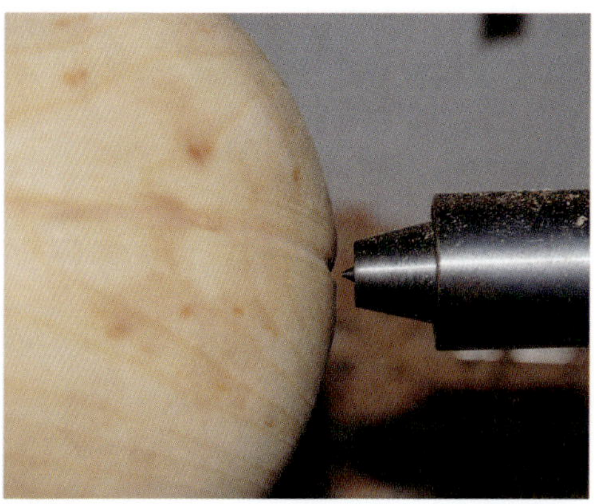

Abb. 33

Abb. 34

genau in der Drehachse verlaufen. Die Körnerspitze muss sich mit der Hohlkehle treffen. **(Abb. 33)**

Mit der kleinen Röhre beginnt man dann vom Zentrum aus zu drechseln. Langsam und in kleinen Schritten wird das Material bis zur Hohlkehle entfernt. Wird tiefer als die Hohlkehle gedrechselt, kann die Kugel nicht mehr genau rund sein. Die Hohlkehle stellt also die Tiefenbegrenzung dar. **(Abb. 34–36)**

Wiederholte Kontrolle sowie eine perfekte Spanabnahme sind Garant für den Erfolg. **(Abb. 37 + 38)**

Wie schon im vorigen Text erwähnt, muss etwas über die Mitte gearbeitet werden, um einen schönen Übergang zwischen den beiden Hälften zu ermöglichen. **(Abb. 39)**

Es ist ratsam, eine Spur der Hohlkehle stehen zu lassen, welche dann mit dem Schleifpapier weggeschliffen werden kann. Dies ermöglicht die Visualisierung eines gleichmäßigen Verlaufs und schließt die Abnahme von zu viel Material aus. Mit dem großen Meißel kann zum Schluss noch ganz fein nachgeschabt werden, um unschöne Rillen zu beseitigen. **(Abb. 40 + 41)**

Abb. 35

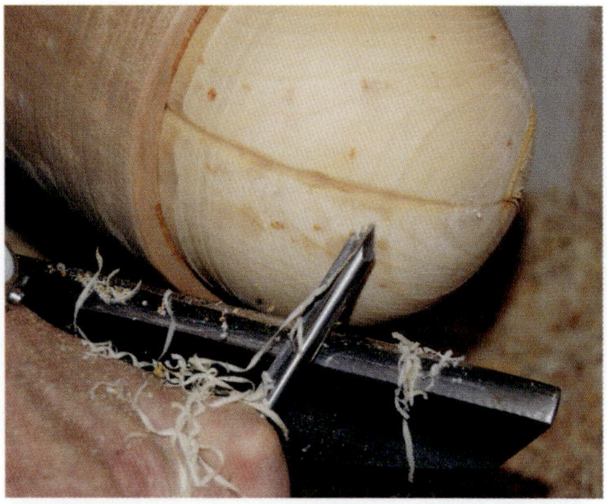

Abb. 36

Abb. 37

Abb. 38

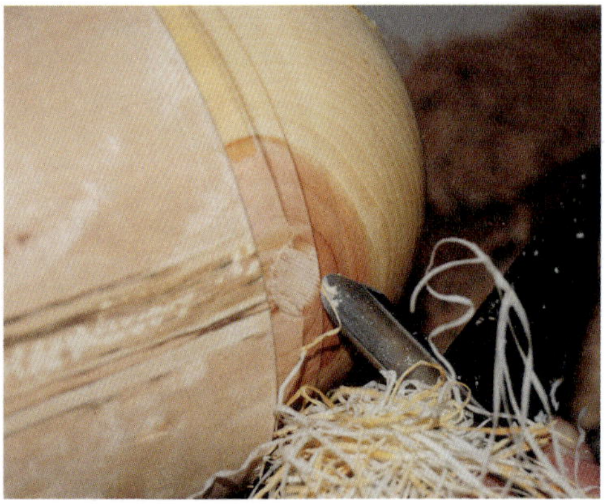

Abb. 39

Abb. 40

Abb. 41

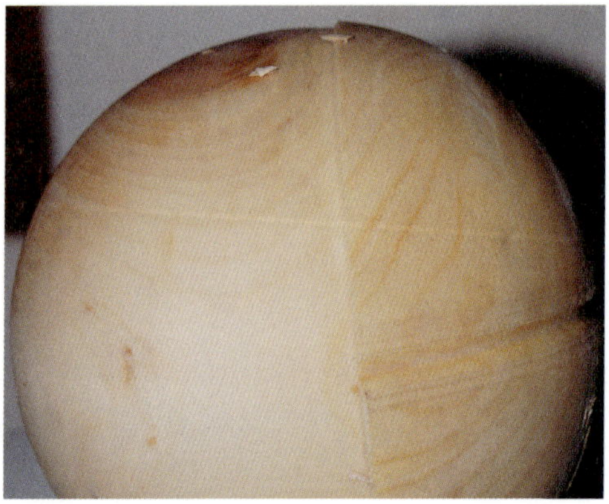

Abb. 42

Abb. 43

Abb. 44

Abb. 45

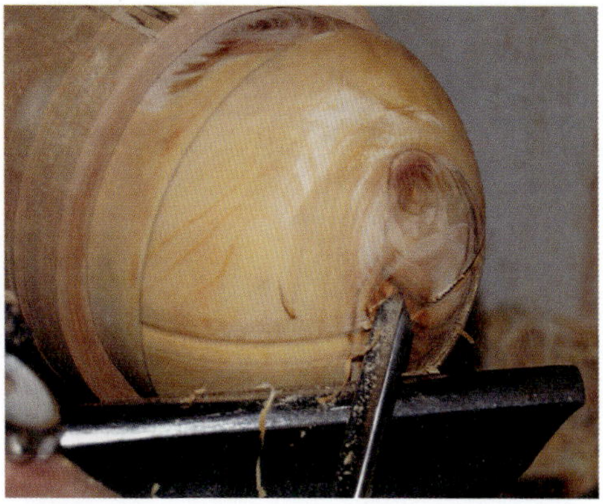

Abb. 46

Abb. 47

Abb. 48

Die Kugel wird jetzt ausgespannt und eine Hälfte ist bereits fertig. **(Abb. 42)**

Das Futter wird nun nachgedrechselt und auf den kleineren Durchmesser abgestimmt. Mit der kleinen Röhre lässt sich diese Arbeit leicht durchführen. Geduld und Genauigkeit garantieren den sicheren Halt der Kugel. **(Abb. 43 + 44)**

Mehrmals wird die Kugel „anprobiert" und deren Sitz geprüft. Danach wird sie aufgespannt, um die zweite Hälfte fertig zu drechseln. **(Abb. 45)**

Jetzt werden die gleichen Arbeitsschritte wie bei der ersten Kugelhälfte ausgeführt. Stets ist auf eine gleichmäßige Spanabnahme zu achten. Ebenso ist eine rillenfreie und saubere Oberfläche herzustellen. Je mehr man eine Kontur schleifen muss, desto mehr leidet diese darunter. **(Abb. 46–48)**

Abb. 49

Abb. 50

Abb. 51

Abb. 52

Abb. 53

Ist die Kugel fertig gedrechselt, wird sie mittels Schleifgitter geschliffen. **(Abb. 49)**

Danach wird die Kugel noch mehrmals über Kreuz gespannt und nachgeschliffen. **(Abb. 50–52)**

Sollte eine Kugel maßhaltig und frei von Verformungen bleiben, muss sie unbedingt aus trockenem Holz hergestellt werden. Kugeln aus nassem Holz sind lediglich Ziergegenstände, welche, aus verschiedenen Holzarten und in verschiedenen Größen gefertigt, so manchen Vorraum, Eingang oder Wohnraum schmücken. **(Abb. 53)**

Rindenschüssel

Sehr beliebte, dekorative und zweckdienliche Werkstücke der Nassholzdrechslerei stellen Schalen mit Naturholzrand dar. Naturrandschalen versprühen einen besonderen Reiz. Die am Werkstück verbleibende Rinde verbindet das Stück mit seinem Ursprung, dem Baum.

Arbeitsanleitung

Diese Schale wird aus Birkenholz gefertigt. Zuerst wird ein Stück Holz mit der Bandsäge längs aufgeschnitten, um eine Fläche zu erhalten. **(Abb. 1)**

Der Durchmesser des Holzstücks ist gleichzeitig die Länge des Werkstückes. **(Abb. 2 + 3)**

Der Klotz muss jetzt rund gesägt werden. Da der Rohling an der runden Seite mit dem Bleistiftzirkel nicht exakt angerissen werden kann, bedient man sich hier eines Hilfsmittels. Aus einem starken Karton oder einer Sperrholzplatte wird ein Kreis mit dem gewünschten Durchmesser ausgeschnitten. **(Abb. 4 + 5)**

Genau im Zentrum dieses Kreises wird ein Nagel eingeschlagen und am Holz befestigt. **(Abb. 6)** Nun ist ein kreisrundes Schneiden entlang der Schablone gefahrlos möglich. **(Abb. 7)**

Mit der Ständerbohrmaschine wird ein Loch gebohrt, wobei das Nagelloch zur Führung der Zentrierspitze des Bohrers dient. **(Abb. 8)**

Die Backen des Spannfutters können gewechselt werden, um verschiedene Größen oder Arten verwenden zu können. Diese Backen sind mittels Schrauben am Futter befestigt. **(Abb. 9)**

Danach wird das Werkstück aufgespannt und durch Spreizen der Backen gespannt. Die gerillten Spannbacken sorgen für zusätzlichen Halt. **(Abb. 10)**

Abb. 1

Abb. 2

Abb. 3

Abb. 4

Abb. 5

Abb. 6

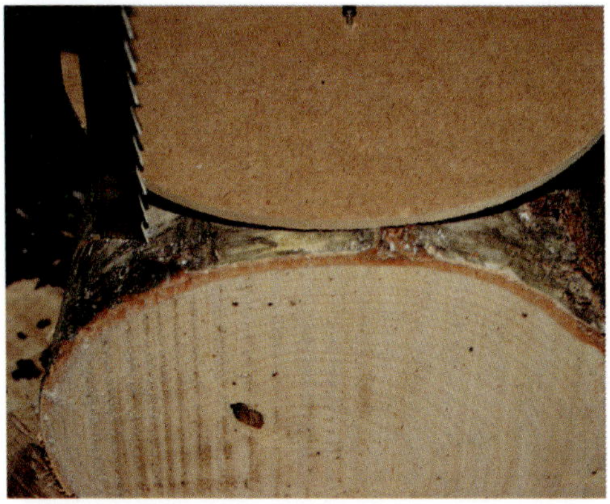

Abb. 7

Abb. 8

Abb. 9

Abb. 10

Ist die richtige Drehzahl eingestellt und die Handauflage richtig montiert, kann mit dem Drechseln begonnen werden. Als Erstes wird das Werkstück rund gedrechselt. Dafür wird die Schüsselröhre verwendet. Da das Holz zu Beginn noch sehr unruhig läuft, erfolgt die Spanabnahme mit Geduld und in kleinen Schritten. **(Abb. 11 + 12)**

Danach wird die Stirnfläche plan gedrechselt. Man beginnt von der Mitte aus zu arbeiten, da dies der laufruhigste Punkt der Fläche ist. Das Werkzeug wird dann zum äußeren Rand geführt. **(Abb. 13 + 14)**

Mit dem Spitzzirkel wird anschließend der Durchmesser des Sockels aufgetragen. **(Abb. 15)**

Jetzt wird Material abgebaut, damit der Ansatz für den Sockel gefertigt werden kann. **(Abb. 16)**

Mit der kleinen Röhre wird der leicht konische Sockel geformt. **(Abb. 17)**

Zum Formen der Außenkontur der Schale wird die Schüsselröhre verwendet. Da sich nasses Holz nur bedingt schleifen lässt, ist nur eine saubere und fast rillenfreie Oberfläche Garant für ein perfektes Werkstück. Daher ist es wichtig, dass die Fase stets am Holz gleitet und ein fließender Arbeitsablauf gewährleistet ist. Ist das nötige Material abgetragen, soll in einem Arbeitsschritt die Außenform der Schale gedrechselt werden. **(Abb. 18 + 19)**

Ist das Werkstück fertig geschliffen, wird es umgespannt, wobei die Backen des Spannfutters gewechselt werden müssen. **(Abb. 20 + 21)**

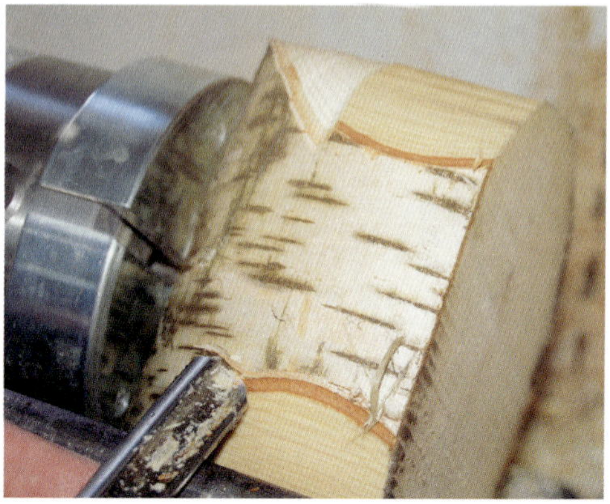

Abb. 11

Abb. 12

Abb. 13

Abb. 14

Abb. 15

Abb. 16

Abb. 17

Abb. 18

Abb. 19

Abb. 20

Abb. 21

In den nächsten Arbeitsschritten wird die Schale innen ausgehöhlt. Dazu verwendet man die Schüsselröhre. In kleinen Schritten wird stufenweise von innen beginnend das Material abgebaut. Die Röhre wird leicht schräg gehalten, leicht aufgedreht und mit einer bogenförmigen Bewegung zum Zentrum geführt. **(Abb. 22–26)**

Der Rand mit einem Maß von ca. 4 mm wird vorsichtig mit der kleinen Röhre gedrechselt. Der Span wird vorsichtig abgenommen, um ein mögliches Vibrieren, welches zum Werkstückbruch oder zu unschönen Rillen führen kann, zu verhindern. Besondere Vorsicht ist geboten, da durch die Rindenform die Schneide beim Drechseln abwechselnd in der Luft ist und dann wieder ins Material eintaucht. **(Abb. 27)**

Beim Fertigen des Bodens ist darauf zu achten, dass ein fließender Übergang gedrechselt wird. Daher sollte man mit der Rundung zwischen Rand und Boden ehestmöglich beginnen, da diese ja jederzeit nachgedrechselt werden kann. **(Abb. 28–30)**

Mit den Fingern tastet der Drechsler immer wieder die Wandstärke ab und korrigiert diese wenn nötig. Die Schale wird nun geschliffen, wobei die Drehzahl verringert werden muss,

Abb. 22

Abb. 23

Abb. 24

Abb. 25

Abb. 26

Abb. 27

Abb. 28

Abb. 29

Abb. 30

Abb. 31

damit auch der unruhig laufende Rand geschliffen werden kann. Sind tiefere Spuren und Unreinheiten sichtbar, können diese auch bei Stillstand der Maschine behandelt werden. **(Abb. 31–33)**

Am einfachsten ist jedoch das Schleifen im getrockneten Zustand. Die Trocknung solcher Schalen dauert nur wenige Tage. Durch die geringe Materialstärke ist die Gefahr des Reißens nicht gegeben. Die Schale wird sich aufgrund der unterschiedlichen Schwundmaße im Längs- und Querholz lediglich verformen. Vermisst man eine Rindenschale im trockenen Zustand, so stellt man fest, dass diese oval geworden ist. Da sich durch die Trocknung auch der Sockel und somit auch die Standfläche der Schale verzieht, muss diese auf der Kantenschleifmaschine abgerichtet werden.

Abb. 32

Abb. 33

Rindenschüsselvariante

Ich möchte nun eine weitere Variante von Naturrandschalen vorstellen. Sind beim vorhergehenden Werkstück der Durchmesser und die Länge gleich, so ist bei der folgenden Schale das Verhältnis anders. Das Maß der Länge ist um einiges größer als jenes des Durchmessers. Aus diesem Grund müssen bei der Bearbeitung einige Regeln eingehalten werden, um Unfälle zu vermeiden. Auch die Dicke des zu bearbeitenden Holzes beträgt nur etwa 4–5 cm.

Arbeitsanleitung

Mit dem Bleistiftzirkel werden die Rundungen an den beiden Enden aufgetragen. Der Radius der Bögen ist die Hälfte der Gesamtlänge des Werkstücks. Ein Loch dient wiederum zum Spannen. **(Abb. 1 + 2)**

Das Holz wird mit der Bandsäge zugerichtet und auf den Spannzapfen des Backenfutters aufgespannt. Anders als bei kreisrunden Schalen wird hier, anstatt das Werkstück zuerst rund zu drechseln, gleich mit dem Formen der Außenkontur begonnen, indem mit der Schüsselröhre Material abgetragen wird. Durch die unrunde Außenkontur entsteht eine gewisse Unwucht, welche mit reduzierter Drehzahl ausgeglichen werden kann. Dem Gefahrenbereich zwischen Handauflage und dem unruhig laufenden Werk-

Abb. 1

Abb. 2

Abb. 3

Abb. 4

Abb. 5

Abb. 6

stück sollte stets mit Respekt begegnet werden. Mit einer guten Schneide ist es ein Erlebnis, das nasse Holz wie Butter formen zu können. Lange Späne sind ein Zeichen der richtigen Drechseltechnik. **(Abb. 3–5)** Danach wird eine plane Fläche für den Sockel vorbereitet. **(Abb. 6)**

Das Sockelmaß wird aufgetragen und der Ansatz gedrechselt. **(Abb. 7–9)**

Das rillenfreie Gestalten der Außenform wird durch die richtige Drechseltechnik, bei der die Fase des Werkzeugs am Holz aufliegt und der Span richtig abgehoben wird, ermöglicht. **(Abb. 10–13)**

Auch die wechselnde Spanabnahme bedingt durch die Form des Werkstücks ist zu berücksichtigen. Die Schale wird geschliffen und abstehende Rindenteile werden mit einem Messer entfernt. **(Abb. 14–16)**

Die Schale wird vom Spanndorn genommen und mit dem Backenfutter gespannt. **(Abb. 17)**

Wiederum wird vom Zentrum aus mit dem Ausdrehen der Schale begonnen. **(Abb. 18–20)**

Nachstehende Fotos zeigen, wie sich abwechselnd die Schneide im freien Raum befindet und dann wieder ins Holz eintaucht. **(Abb. 21–23)**

Abb. 7

Abb. 8

Abb. 9

Abb. 10

Abb. 11

Abb. 12

Abb. 13

Abb. 14

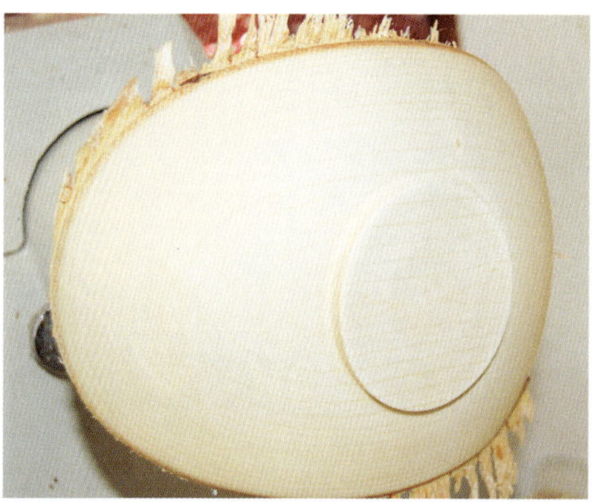

Abb. 15

Abb. 16

Abb. 17

Abb. 18

Abb. 19

Abb. 20

Abb. 21

Abb. 22

Dieser Umstand ist nicht zu unterschätzen, da er auch Gefahren mit sich bringt. Ein besonderer Gefahrenbereich ist jener zwischen Werkstück und Handauflage. Gerät man mit den Fingern in diesen Bereich, sind schwere Verletzungen nicht auszuschließen.

Der Schalenrand wird mit der kleinen Röhre angesetzt, um dann mit der Schüsselröhre in einem Zug bis zur Mitte hin gedrechselt zu werden. **(Abb. 24–28)**

Beim Schleifen ist darauf zu achten, dass nicht weiter als bis zum Übergang von Rand und Boden gearbeitet wird, da es sonst „eine auf die Finger gibt". Der raue und unregelmäßige Rand schlägt auf die Finger. Der Rand wird am besten nach der Trocknung der Schale mit der Hand geschliffen. **(Abb. 29–31)**

Diese etwas flacher ausgeführte Rindenschüssel lässt sich gut als Dekoration von Möbelstücken verwenden. Auch als Gebrauchsgegenstand, wie zum Beispiel als Schlüsselablage, kann diese Schale dienen.

Abb. 23

Abb. 24

Abb. 25

Abb. 26

Abb. 27

Abb. 28

Abb. 29

Abb. 30

Abb. 31

Naturrandschale aus Zwetschkenholz

Wie schon erwähnt, findet man in so manchen Restholzhaufen brauchbares Material – wie dieses spannrückige Zwetschkenholz, welches wegen der intensiven Färbung sehr dekorativ ist.

Arbeitsanleitung

Um die Schneide meines Werkzeugs zu schonen, bürste ich mit einer Drahtbürste die Rinde. So werden eventuelle Verschmutzungen beseitigt. **(Abb. 1)**

Danach wird eine Planscheibe auf das Holzstück geschraubt, welche dann auf der Drehbankspindel montiert wird. Dabei muss die Planscheibe ganz aufgeschraubt werden, damit diese fest an der Spindel anliegt. **(Abb. 2)**

Durch die unförmig verlaufende Außenkontur der Schale ist besondere Vorsicht geboten. **(Abb. 3)**

Die Handauflage ist so einzustellen, dass sie möglichst nahe am Werkstück steht, aber niemals anschlägt. Daher ist auf jeden Fall ein Probelauf per Hand durchzuführen. Je nach Stellung des Werkstücks befindet sich die Handauflage einmal näher und einmal weniger nahe am Holz. **(Abb. 4 + 5)**

Die größte Gefahrenzone stellt der Bereich zwischen Handauflage und Werkstück dar. Auch die Drehzahl muss richtig eingestellt werden, um Verletzungen zu vermeiden.

Als Erstes wird die Schale außen gedrechselt. Mit der Schüsselröhre wird die gewünschte Form hergestellt. Da es sich bei diesem Holzstück um Längsholz handelt, erfolgt die Spanabnahme von oben nach unten. **(Abb. 6 + 7)**

Beim Anschneiden am äußeren Rand ist besondere Vorsicht geboten. Dieser heikle Arbeitsschritt sollte am besten mit einer kleinen Röhre bewältigt werden. Die Röhre wird leicht aufgedreht und die Spanabnahme erfolgt im mittleren Bereich der Schneidenlinie.

Mit Ruhe und Konzentration sollte die Spanabnahme gering gehalten werden. Dabei ist sehr wichtig, dass das Werkzeug mit beiden Händen festgehalten wird. **(Abb. 8)**

Abb. 1

Abb. 2

Abb. 3

Abb. 4

Abb. 5

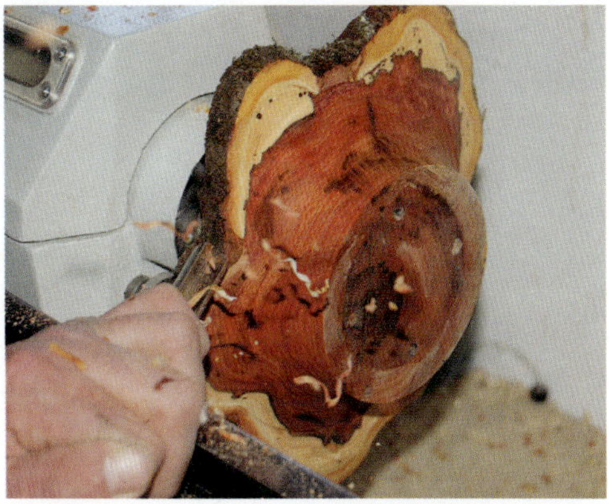

Abb. 6

Abb. 7

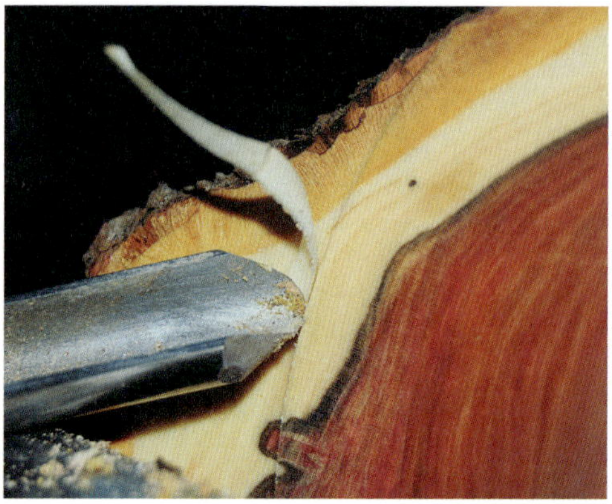

Abb. 8

Von außen nach innen wird nun mit der Schüsselröhre der Boden plan gedrechselt. Zu beachten ist, dass die Fase des Werkzeugs am Werkstück entlanggleitet, um dieses gut führen zu können. **(Abb. 9 + 10)**

Mit der kleinen Röhre wird die Vertiefung des Sockels gedrechselt, welche danach zum Spannen im Backenfutter dient. Die Spanabnahme erfolgt vom Zentrum nach außen hin. **(Abb. 11 + 12)**

Das Werkstück wird umgespannt und die Innenform kann gestaltet werden. **(Abb. 13)**

Zuerst wird mit der Schüsselröhre die Hirnholzfläche plan gedrechselt. Bei diesem Arbeitsschritt arbeitet man von außen ausgehend zum Zentrum hin. **(Abb. 14–16)**

Mit leicht aufgedrehter Schüsselröhre wird, vom Zentrum ausgehend, mit dem Ausdrehen der Innenform begonnen. Geduldig und schrittweise wird das Material nach außen hin abgebaut, wobei das Werkzeug bogenförmig zur Mitte hin geführt wird. **(Abb. 17–19)**

Dieser Arbeitsschritt wird so lange wiederholt, bis die gewünschte Randstärke erreicht

Abb. 9

Abb. 10

Abb. 11

Abb. 12

Abb. 13

Abb. 14

Abb. 15

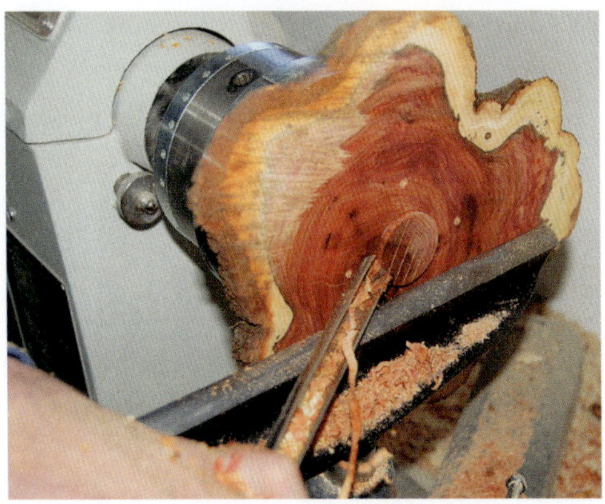

Abb. 16

Abb. 17

Abb. 18

Abb. 19

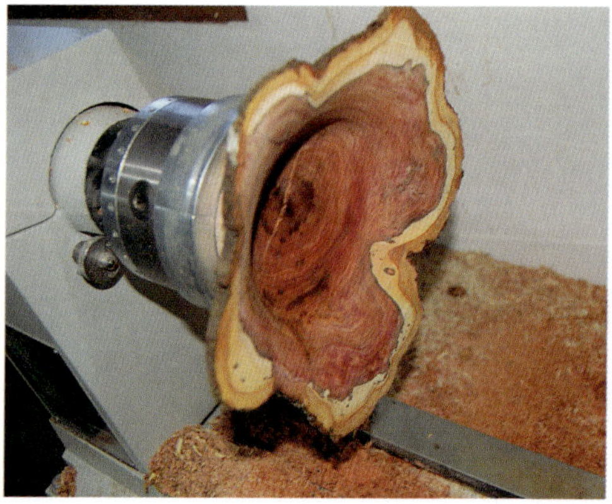

Abb. 20

ist und die innere Kontur der äußeren gleicht. Dabei ist auf die richtige Drechseltechnik sowie die richtige Spanabnahme zu achten, um eine saubere Oberfläche zu bekommen. Bewusst verzichte ich bei diesem Werkstück auf den Einsatz von Schleifmitteln, um eine sauber gedrechselte Oberfläche zu erzielen. **(Abb. 20)**

Da bei der Trocknung von gedrechselten Gegenständen aus spannrückigem Holz aufgrund des Wuchses sehr große Spannungen frei werden, was unweigerlich zu starker Rissbildung führt, muss dieses Werkstück besonders schonend getrocknet werden. Dazu schlage ich das Werkstück lagenweise in mehrere Leinentücher ein, wobei ich zwischen jede Lage trockene Holzspäne streue. **(Abb. 21 + 22)**

Der Sack, in dem sich das nasse Werkstück befindet, wird nun an einem trockenen Ort aufgehängt. **(Abb. 23)**

Nach ein bis zwei Wochen wird das Werkstück ausgepackt und von den Spänen befreit. **(Abb. 24–26)**

Da das Holz jetzt trocken ist, kann das Werkstück mühelos von Hand nachgeschliffen werden, um in weiterer Folge oberflächenbehandelt zu werden.

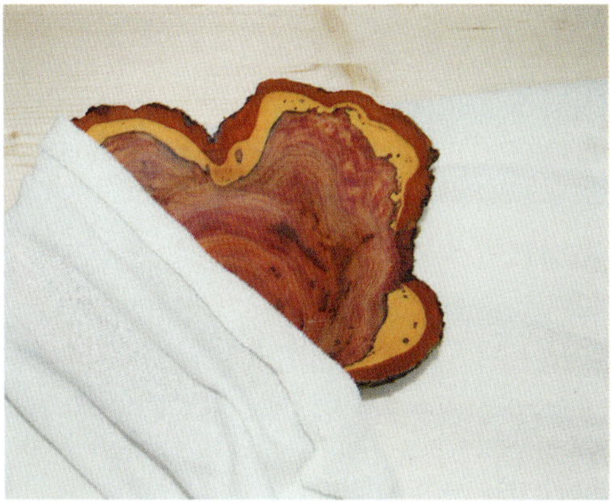

Abb. 21

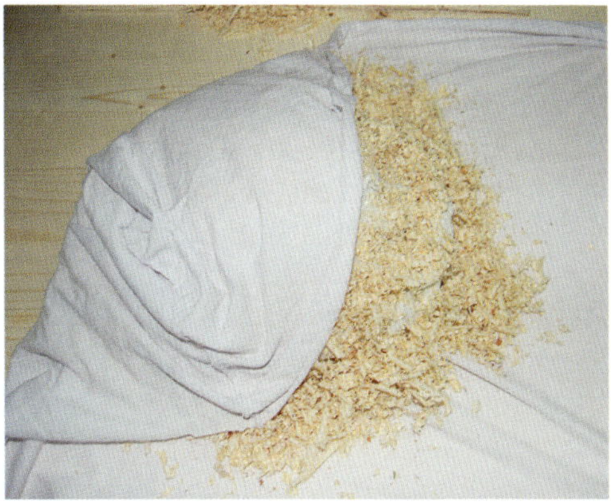

Abb. 22

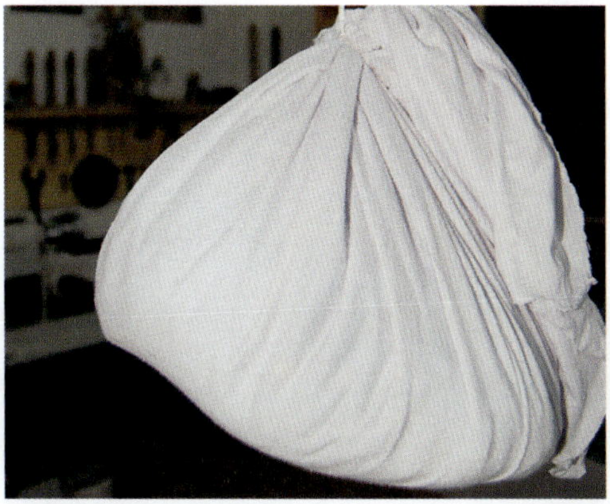

Abb. 23

Abb. 24

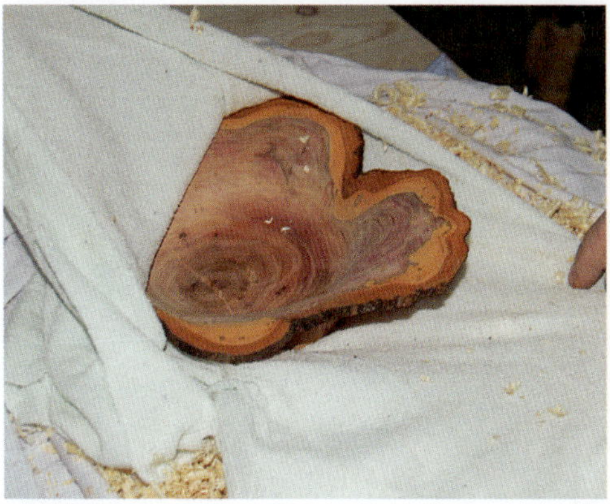

Abb. 25

Abb. 26

Naturrandschale aus Apfelholz

Dieses Werkstück hat nur bedingt mit dem Drechslerhandwerk etwas zu tun, dennoch möchte ich diese Arbeitstechnik vorstellen, da sich mit ihr wundervolle Stücke formen lassen. Diese Schale wurde mithilfe der Eigenschaften des Holzes geformt. Man kann sagen, dass sich dieses Werkstück fast selbst hergestellt hat.

Arbeitsanleitung

Ein Stück Nassholz vom Bereich des Wurzelanlaufes wird dabei mit der Bandsägemaschine auf einen ca. 7 mm dicken Teller zugeschnitten.

Dieser wird mit der Handschwingschleifmaschine auf beiden Seiten vorgeschliffen. Ein mit Wasser gefüllter Kübel wird an einem warmen, jedoch schattigen Ort aufgestellt. In den Wintermonaten geschieht dies in einer gut beheizten Werkstätte. Die Unterseite des Tellers wird mit einem Pinsel mit Wasser befeuchtet. Danach legt man den Teller mit der feuchten Seite nach unten über den Wasserkübel. Die Oberseite kann nun die Feuchtigkeit an die Umgebungsluft abgeben, wobei die untere Seite durch das vorhandene Wasser im Kübel feucht bleibt. Durch das ungleiche Trocknen beider Seiten verformt sich der Teller zu einer Schüssel, indem sich die Unterseite in den Kübel biegt. Von Zeit zu Zeit kann die untere Seite wiederholt mit Wasser bestrichen werden. Je nach Holzart, Holzfeuchte, Materialstärke und Luftfeuchtigkeit kann dieser Vorgang einige Stunden in Anspruch nehmen. **(Abb. 1–3)**

Abb. 1

Abb. 2

Abb. 3

Abb. 4

Abb. 5

Abb. 6

Ist die Oberfläche der Schüssel angetrocknet, wird diese per Hand nachgeschliffen und oberflächenbehandelt. **(Abb. 4)**

Als Sockel für die Schale wird ein Ring gedrechselt, der später an die unregelmäßige Außenkontur angepasst wird. **(Abb. 5–8)**

Der Ring wird auf der Unterseite der Schale aufgelegt und zentriert. **(Abb. 9)**

Mit einem Bleistift wird die Form parallel abgenommen. **(Abb. 10)**

Mit einem handelsüblichen Schleifdorn, welcher in der Ständerbohrmaschine montiert ist, wird die Kontur in kleinen Schritten geformt. Ein mehrmaliges Kontrollieren und Nachbessern ist unbedingt notwendig, um eine perfekte Passform zu erreichen. **(Abb. 11 + 12)**

Ist ein genauer Sitz des Ringes gegeben, wird dieser mit einem Zweikomponentenkleber mit der Unterseite der Schale verklebt. **(Abb. 13)**

Dieser Kleber hat den Vorteil, dass er auch auf oberflächenbehandeltem Material haftet. Am besten ist, man erkundigt sich im Fachhandel nach geeignetem Klebermaterial. Danach wird zuerst der Sockel und in weiterer Folge die gesamte Schale an beiden Seiten oberflächenbehandelt. **(Abb. 14)**

Abb. 7

Abb. 8

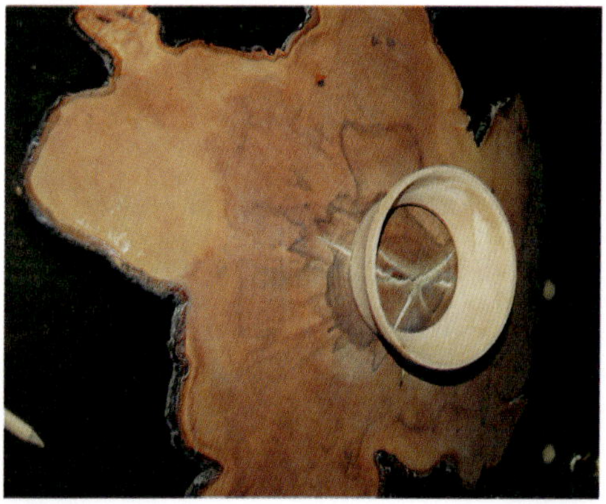

Abb. 9

Abb. 10

Abb. 11

Abb. 12

Abb. 13

Abb. 14

Teller

Die Form eines gedrechselten Tellers ist individuell gestaltbar. So kann er flach, tief, groß oder klein ausgeführt werden. Auch die Wandstärke kann vom Drechsler bestimmt werden, wodurch dieser selbst den Schwierigkeitsgrad dieses Werkstücks bestimmt. Teller dienen als Gebrauchsgegenstand genauso wie als kunstvoll gestaltetes Zierobjekt.

Arbeitsanleitung

Eine Planscheibe wird auf eine kreisrunde Nassholzscheibe, welche mit der Bandsäge aus einem Brett ausgeschnitten wurde, aufgeschraubt, um diese an der Drehbankspindel befestigen zu können. **(Abb. 1 + 2)**

Nachdem die richtige Drehzahl eingestellt wurde, kann mit dem Drechseln begonnen werden. Die Scheibe wird mit der Schüsselröhre rund gedrechselt. Wahlweise kann auch die große bzw. die mittlere Röhre verwendet werden. Dabei achte man darauf, dass nicht über den Rand hinaus gedrechselt wird, um Ausrisse zu vermeiden. Daher wird von beiden Seiten der Span abgenommen. **(Abb. 3 + 4)**

Nun wird die Stirnfläche plan gedrechselt. Der Drechsler beginnt am ruhigsten Punkt, welcher im Zentrum der Drehachse liegt. Die Röhre wird schräg gestellt, leicht aufgedreht und mit mäßiger Spanabnahme zum äußeren Rand geführt. **(Abb. 5 + 6)**

Der Spitzzirkel dient zum Auftragen des Sockelmaßes. **(Abb. 7)**

Mit der kleinen Röhre wird der Ansatz für den Sockel gedrechselt, welcher dann zum Spannen im Backenfutter dient. **(Abb. 8 + 9)**

Der Drechsler schiebt die Schneide leicht nach oben und drechselt die gewünschte Außenform, welche individuell ausgeführt werden kann. **(Abb. 10–12)**

Das Werkstück wird umgespannt, damit die Innenform gedrechselt werden kann. **(Abb. 13)**

Dann wird wiederum die Stirnfläche bearbeitet. **(Abb. 14)**

Die weiteren Bilder zeigen die Spanabnahme der Röhre, um Material abzubauen und den Tellerrand zu drechseln. **(Abb. 15–17)**

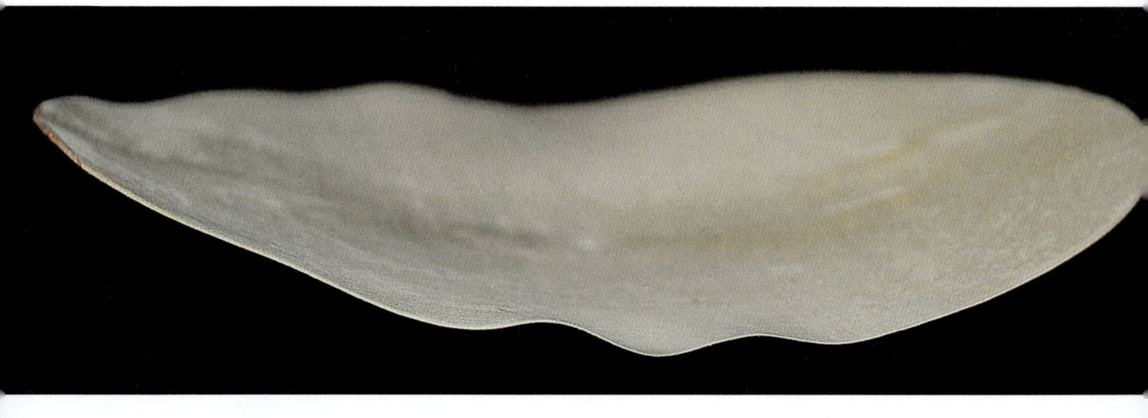

Abb. 1

Abb. 2

Abb. 3

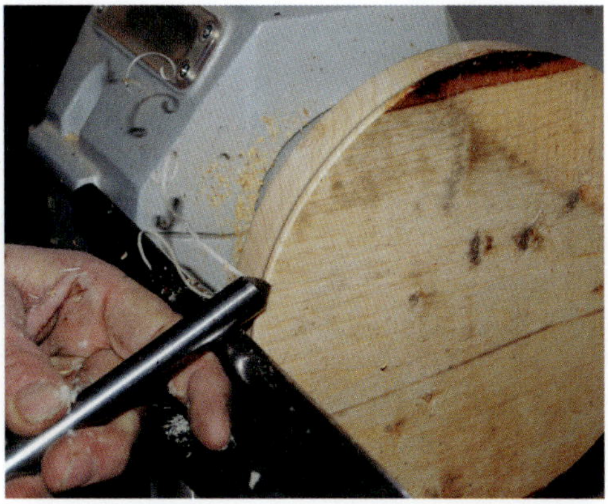

Abb. 4

Abb. 5

Abb. 6

Abb. 7

Abb. 8

Abb. 9

Abb. 10

Abb. 11

Abb. 12

Abb. 13

Abb. 14

Abb. 15

Abb. 16

Abb. 17

Abb. 18

Je dünner die Materialstärke wird, desto mehr neigt die Schale zum Flattern. Durch dieses unangenehme Verhalten ist ein sauberer Schnitt nicht mehr möglich und die Schaleninnenseite erhält ein unschönes Rattermuster. Die Abhilfe dafür liegt in der eigenen Hand des Drechslers. Man stützt die Schalenrückseite mit den Fingern ab, und drückt das Drechseleisen mit dem Daumen gegen die Innenwand. Da der Tellerrand nun zwischen Hand und Röhre klemmt, wird das ungewünschte Flattern vermieden. Man sollte jedoch besonders auf den scharfkantigen Rand achten, welcher bei dünnen Tellern entsteht. Hier ist eine akute Schnittgefahr gegeben. **(Abb. 18 + 19)**

Je dünner der Rand wird, umso geduldiger und feiner muss der Span abgenommen werden. Um den Erfolg zu garantieren, ist es ratsam, die ersten Teller etwas dicker zu drechseln. Der Schwierigkeitsgrad kann dann Stufe für Stufe gesteigert werden. Eine Lichtquelle erleichtert die visuelle Wahrnehmung der Materialstärken. **(Abb. 20)**

Mit einem Doppelgreifzirkel wird die Randstärke gemessen, damit man diese gleichmäßig verlaufen lassen kann. **(Abb. 21)**

Abb. 19

Abb. 20

Abb. 21

Abb. 22

Die beiden Zirkel gleichen sich, wobei mit dem einen das Material abgetastet wird, um das Maß am zweiten ablesen zu können. **(Abb. 22 + 23)**

In kleinen Schritten und ganz vorsichtig erfolgt die Spanabnahme, wobei immer wieder mit dem Zirkel gemessen und kontrolliert wird. **(Abb. 24 + 25)**

Je fortgeschrittener die Arbeit ist, desto konzentrierter, langsamer und geduldiger muss gearbeitet werden, wobei die Lichtquelle zur Unterstützung dient. Eine perfekte Schneide ist Voraussetzung. **(Abb. 26 + 27)**

Ist der Teller fertig gedrechselt, kann er geschliffen werden. **(Abb. 28)**

Beim Schleifen wird der Rand wiederum zwischen den Fingern und dem Schleifpapier geführt. **(Abb. 29)**

Da die Materialstärke in diesem Fall nur knapp 1 mm beträgt, also wenig Masse vorhanden ist, und durch die Reibung des Schleifmittels Wärme entsteht, trocknet das Holz unwahrscheinlich schnell. Diesen Umstand erfährt man während des Schleifens. Anfangs entsteht nur wenig Schleifmehl und das Schleifpapier verklebt durch die Feuchtigkeit des Holzes. Nach

Abb. 23

Abb. 24

Abb. 25

einigen Minuten stellt man fest, dass sich der Teller viel leichter schleifen lässt und der Tellerrand immer dünner wird. **(Abb. 30)**

Nach wenigen Stunden sind die entstandenen Verformungen aufgrund der Trocknung sichtbar. Trockenrisse entstehen dabei nicht, weil die Spannungen des Holzes dank der geringen Holzdicke frei werden können.

Abb. 26

Abb. 27

Abb. 28

Abb. 29

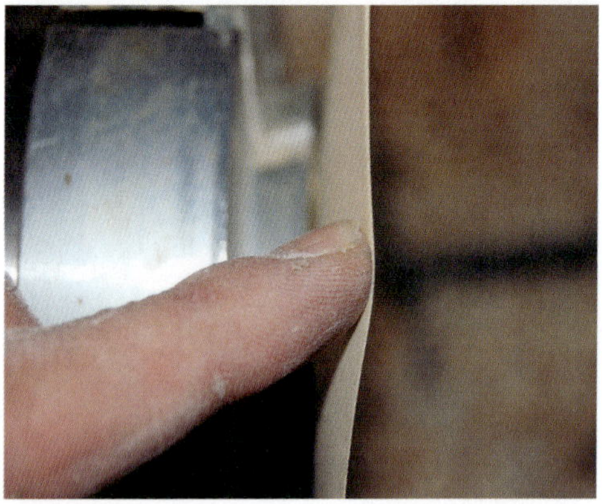

Abb. 30

Als Abschluss eine kleine Übersicht von „Drechselkunstwerken“

Weitere Inspirationen finden Sie auf Seite 156

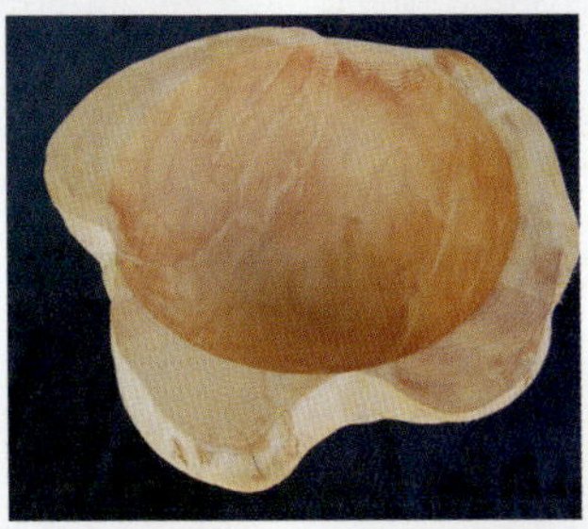

Einflussfaktoren für die Schärfe

Das Schärfen

Abziehen der Drechselwerkzeuge

Schärfen von Drechselwerkzeugen

„Gute Schneide, halbe Arbeit“ – dieses Sprichwort kennt jeder handwerklich Tätige, schließlich garantieren nur wirklich scharfe Werkzeuge angenehmes Arbeiten und einwandfreie Ergebnisse. Scharfe Schneiden führen dazu, dass die Fasern eben abgeschnitten werden und der Span fein wie Engelshaar vom Material abgezogen wird, wodurch die Oberfläche viel glatter wird.

Nur mit scharfer Schneide macht die Arbeit Spaß!

Dadurch kann auch der Schleifaufwand stark reduziert werden. Staubentwicklung und Materialbedarf werden ebenfalls wesentlich verringert. Zudem sind feine Schneiden langfristig widerstandsfähiger gegen Verschleiß.

Eine schlechte Schneide stellt hingegen ein Ärgernis dar, da sie einen wesentlich höheren Zeit- und Kraftaufwand bei der Arbeit erfordert. Die Qualität des Werkstückes leidet ebenfalls eindeutig unter schlecht schneidenden Werkzeugen, da die Fasern nicht abgeschnitten, sondern abgerissen werden, was zu rauen Oberflächen führt. **(Abb. 1 + 2)**

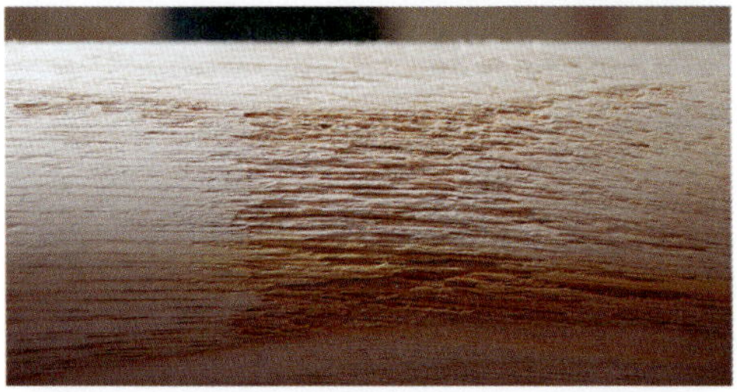

Abb. 1

Abb. 2

Einflussfaktoren für die Schärfe

Eine gute Schärfe hängt unter anderem von der **Kristallstruktur** ab. Grundsätzlich gilt: Je feiner die Kristalle im Material sind, desto schärfere Schneiden sind zu erzielen. Auch die **Form des Werkzeuges** bzw. der Schnittwinkel beeinflusst die Schärfe. Stumpfe Winkel erreichen zwar keine höchste Schärfe, halten aber lange beim Gebrauch. **(Abb. 3)** Spitze Winkel werden dagegen zwar rasiermesserscharf, brechen aber auch gerne aus und werden dadurch schneller stumpf. **(Abb. 4)**

Zu guter Letzt hängt die mögliche Schärfe auch vom Schleifmittel und vom Können des Handwerkers ab.

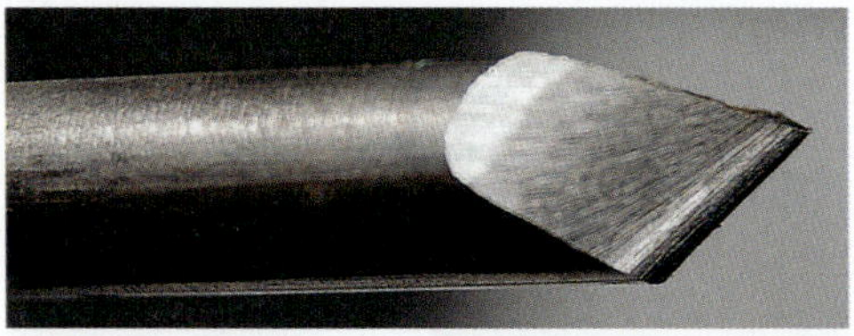

Abb. 3

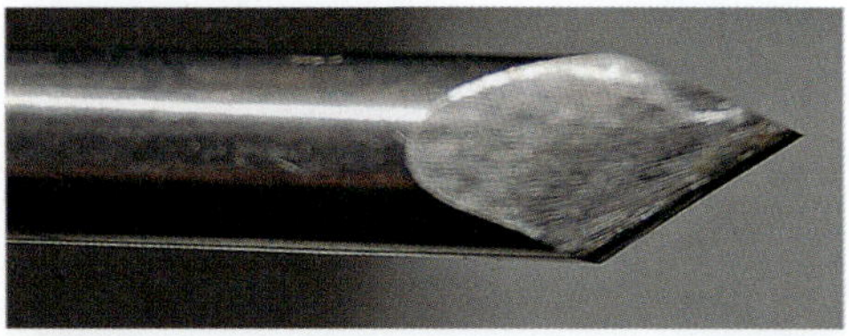

Abb. 4

Das Schärfen

Vor dem eigentlichen Schärfen müssen die **Werkzeuge** an einem Schleifbock **grob vorbereitet** werden. Dazu werden Scharten entfernt, indem Substanz weggenommen wird. Um Unfälle und Verletzungen zu vermeiden, ist das Tragen einer Schutzbrille unbedingt erforderlich. **(Abb. 1)** Es ist zu beachten, dass die Schneide beim Schärfen nicht zu heiß wird. Generell ist

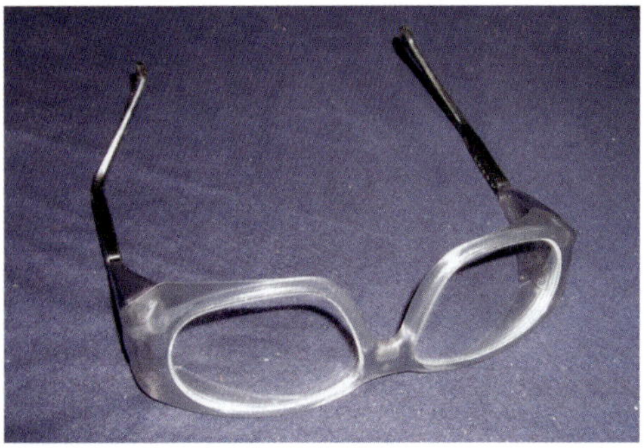

Abb. 1

Abb. 2

zu sagen, dass Stahl umso anfälliger gegenüber hohen Temperaturen ist, je härter er ist. So soll gehärteter Stahl nicht über 670 °C erhitzt werden. Ein Überhitzen des Stahls kommt einem Anlassen, wie es bei der Stahlerzeugung notwendig ist, gleich. Dabei verbrennen die Legierungselemente teilweise oder zur Gänze, wodurch der Stahl in seiner Funktion unbrauchbar wird.

Durch die Veränderung der Gefügestruktur im Stahl, die schon auftreten kann, bevor der Stahl blau glüht, werden die Kristalle größer und halten nicht mehr so gut zusammen. Das Werkzeug verliert an Oberflächenhärte, worunter wiederum die maximal zu erzielende Schärfe leidet. **(Abb. 2 + 3)**

Gute Drechsler schärfen ihr Werkzeug frei Hand. Dabei wird das Eisen mit der rechten Hand gehalten, während sich die linke Hand am Schleifbock abstützt, wobei der Daumen auf das Werkzeug gelegt wird. **(Abb. 4)**

Es gibt natürlich auch verschiedene Schleifvorrichtungen für diverse Werkzeuge, die das Schärfen erleichtern.

Wichtig ist auch, **passende Schleifscheiben** zu verwenden. Nur durch die runde Schleifscheibe entsteht beispielsweise der gewünschte Hohlschliff, der für den Drechsler unbedingt erforderlich ist. **(Abb. 5)**

Der Hohlschliff sorgt dafür, dass die Fase am Werkstück entlanggleitet und dass das Werkzeug optimal geführt wird. Auch das Abziehen wird erleichtert, da nicht die gesamte Fläche poliert werden muss. Durch den Hohlschliff wird zudem beim Abziehen ein Balligwerden der Fase verhindert.

Abb. 3

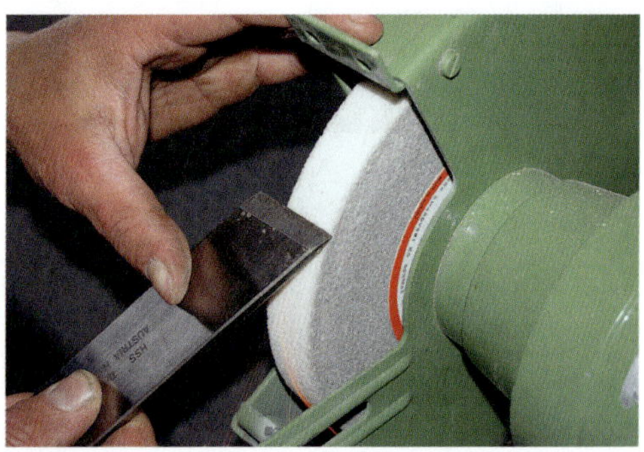

Abb. 4

Abb. 5

Abb. 6

Auch die **Wahl des richtigen Abziehsteines** ist zu beachten. Beim Schleifen am Schleifbock entsteht stets ein Grat an der Schneide. **(Abb. 6)**

Außerdem wird die Schneide aufgrund der groben Körnung der Schleifscheibe rau. Der Abziehstein sorgt einerseits dafür, dass der Grat entfernt wird, und andererseits wird damit die Schneide glatt und dadurch scharf. Je feiner der Schliff wird, desto weniger Substanz wird abgenommen. Es gibt eine Vielzahl von verschiedenen Abziehsteinen (diverse natürliche oder Kunststeine), die entweder mit Wasser oder mit Öl verwendet werden. Wasserschliffe sind dabei grundsätzlich rauer als Ölschliffe. Ein Ölstein darf nicht mit Wasser benutzt werden und umgekehrt ist ein Wasserstein, der einmal mit Öl genutzt wurde, in der Folge ein Ölstein. Drechsler verwenden vorwiegend Ölsteine, welche jedoch den Nachteil schmutziger Finger mit sich bringen.

Drechselwerkzeuge werden **vorwiegend trocken geschliffen**, da das Werkzeug sehr viel Masse hat und relativ viel Material abgetragen werden muss. Daher werden Edelkorund-Schleifscheiben (weiß), welche keramisch gebunden sind, verwendet. Die Korngröße beträgt zwischen 60 und 100. **(Abb. 7)**

Unter **Korngröße** versteht man die Anzahl an Schleifkörnern pro Quadratzentimeter. Eine niedrige Korngrößenanzahl steht daher für grobe, eine hohe Korngrößenanzahl für feine Schleifscheiben. Eine Schleifscheibe dreht sich stets zum Werkzeug, damit die entstehende Wärme zur Masse des Stahls geführt wird. Würde die Wärme zur materialschwachen Schneidenlinie geführt, würde diese sofort überhitzen.

Abb. 7

Abb. 8

Abb. 9

Abb. 10

Empfehlenswert ist, **Schleifböcke** mit zwei Schleifscheiben zu verwenden, wobei eine für die geraden Werkzeuge und eine für die gerundeten verwendet wird. **(Abb. 8)**

Dadurch kann der Verschleiß der Scheiben wesentlich verringert werden. Beim Kauf eines Schleifbockes ist außerdem darauf zu achten, dass dieser spindelgenau und schwingungsfrei läuft. Um eine perfekte Laufgenauigkeit zu gewährleisten, müssen die Schleifscheiben genau auf den Aufnahmedorn passen.

Es ist sehr wichtig, dass Schleifscheiben keine Risse aufweisen (mithilfe der Klangprobe überprüfen). Sie müssen weiterhin laufrund, sauber und stets griffig sein. Mit der Zeit verkleben die Schleifscheiben durch das Schärfen oder sie werden uneben und sind nicht mehr plan. Deshalb müssen die Scheiben regelmäßig abgerichtet werden. Dadurch werden sie einerseits plan und andererseits wird das verklebte Schleifkorn herausgebrochen und neues, scharfes Korn wird freigelegt. Für keramische oder kunstharzgebundene Edelkorund-Scheiben verwendet man Abrichtsteine aus Siliziumcarbid. Schleifrollen aus Spezialschleifscheiben können ebenso verwendet werden. **(Abb. 9 + 10)**

Eine **Alternative** zu den **Schleifscheiben** ist die **CBN-Schärfscheibe**. Dieser verschleißfreie Schleifkörper besteht aus Stahl, der am Umfang und an den Flanken mit feinem CBN-Korn (Cubisches BorNitrid) bestückt ist.

Die Vorteile dieses neuen Schleifmittels sind:

1. CBN hat eine Härte von 5.600 kg pro mm² und ist somit fast so hart wie Diamant (7.000 kg/mm²);
2. das händische Schleifen ist absolut ungefährlich;
3. die unbegrenzte Standzeit (Lebensdauer);
4. es gibt kein „Verbrennen“ (Bläuung) der Schneide;
5. der ruhige Rundlauf (bei einem Durchmesser von 200 mm beträgt die maximale Drehzahl 1.500 Umdrehungen pro Minute).

Die verschleißfreie CBN-Schärfscheibe, hier auf einer Drechselbank montiert, lässt sich auch auf jeden Schleifbock spannen.

Schärfen von Drechselmeißeln

Drechselmeißel weisen meist einen Keilwinkel zwischen 25 und 30 Grad auf und sind schräg geschliffen. Der genaue Winkel kann je nach Verwendungsart variieren, ein fixes Maß ist also nicht zwingend. Beim Schärfen wird das Eisen mit der Fase auf die Schleifscheibe gelegt, wobei zu beachten ist, dass die Schneidenlinie stets parallel zur Rotationsachse des Schleifbockes steht. **(Abb. 1)**

Abb. 1

Abb. 2

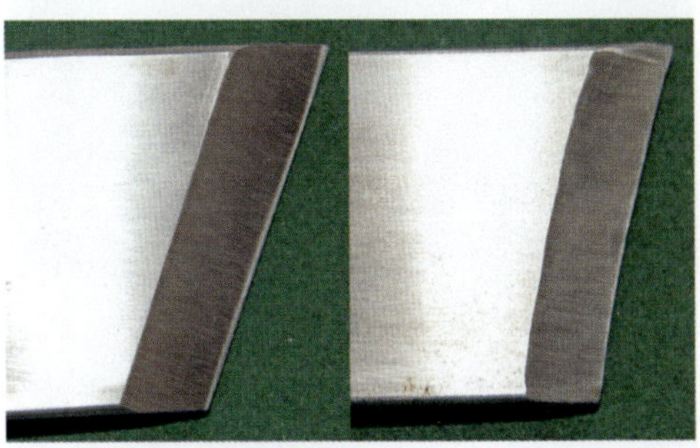

Abb. 3: *Richtige (li.) und falsche (re.) Schneidenlinie*

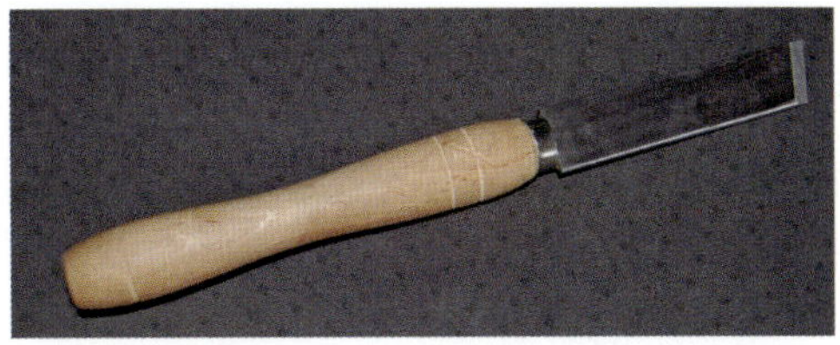

Drechselmeißel

Nun ist es wichtig, den Stahl exakt auf einer gedachten Linie zu führen. Die beiden Fasen müssen den gleichen Winkel aufweisen, also gleich lang sein. **(Abb. 2)**

Außerdem ist zu beachten, dass die Schneidenlinie gerade, höchstens leicht bombiert, ist. Sie darf aber keinesfalls hohl sein. **(Abb. 3)**

Um das zu erreichen, muss beim Schärfen abwechselnd mäßiger Druck an beiden Enden der Schneidenlinie ausgeübt werden. Der Drechsler bewegt das Werkzeug zudem gleichmäßig, das heißt, ohne den Winkel zu verändern, parallel zur Drehachse der Scheibe. **(Abb. 4)**

Es wird so lange geschärft, bis die Schneide schartenfrei ist und sich an der Schneidenlinie ein kleiner Grat bildet. Eine zu hohe Wärmeentwicklung ist, wie schon erwähnt, unbedingt zu vermeiden. Daher ist es erforderlich, die Werk-

Abb. 4

zeuge mehrmals auskühlen zu lassen. Keinesfalls darf aber mit Wasser gekühlt werden, da das Material dadurch zu rasch abkühlen würde.

Schärfen von Schlichtstählen

Die Schärfung von Schlichtstählen erfolgt ähnlich wie jene bei Meißeln. Auch bei den Stählen muss auf eine exakt gerade Schneidenlinie geachtet werden. Das Eisen wird ebenfalls in Richtung der Drehachse hin- und herbewegt. **(Abb. 1)**

Dabei ist auf eine korrekt gewartete Schleifscheibe zu achten. Schlichtstähle können einseitig oder auch beidseitig gerundet sein, weshalb die Schärfung viel Übung und Geschick verlangt. Zuerst wird das Werkzeug an der Geraden geschliffen und anschließend geht man zu den Rundungen über.

Schlichtstahl

Abb. 1

Nun wird abwechselnd an der Rundung und der Geraden Material abgebaut. Ein fließender Arbeitstakt sollte das Ziel sein.

Schärfen von Drechselröhren

Drechselröhren können flach, rund oder auch spitz geschliffen werden. Die Grundregel lautet: Je größer die Drechselröhre, desto flacher wird diese geschliffen (z. B. Schrupprröhren). Ein guter Drechsler zeichnet sich gerade dadurch aus, dass er die Fähigkeit besitzt, diese Werkzeuge perfekt schärfen zu können.

Beim Schärfen von Drechselröhren ist es notwendig, dass die Fase eine durchgehende Fläche bildet. Weist sie Ecken und Kanten auf, kann damit nicht gearbeitet werden. **(Abb. 1)**

Als Erstes wird die Röhre mit der Fase im rechten Winkel zur Drehachse auf die Schleifscheibe gelegt. **(Abb. 2)**

Durch Drehen des Eisens wird nun die Rundung angeschliffen. **(Abb. 3)**

Dies hat ohne Abweichung auf derselben Höhe der Schleifscheibe zu geschehen. Es ist auch möglich, mithilfe einer weiteren Technik einen spitzeren Schliff zu erhalten. Dafür wird die Drechselröhre gedreht und gleichzeitig etwas hochgeschoben. Mit der gleichen Bewegung wird sie nun auf die gedachte Linie zurückge-

Drechselröhre

Abb. 1

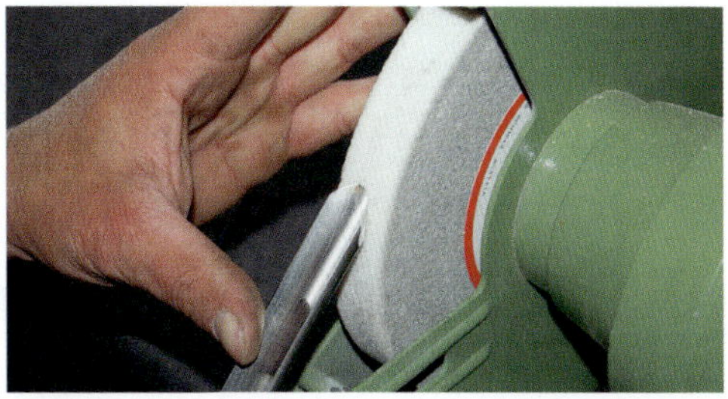

Abb. 2

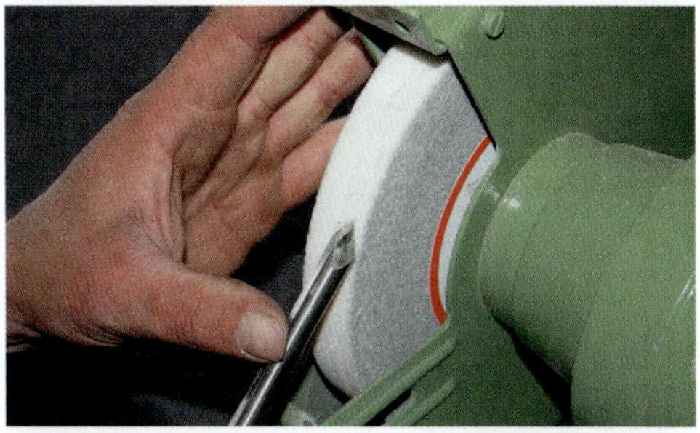

Abb. 3

Abb. 4

Abb. 5

Abb. 6

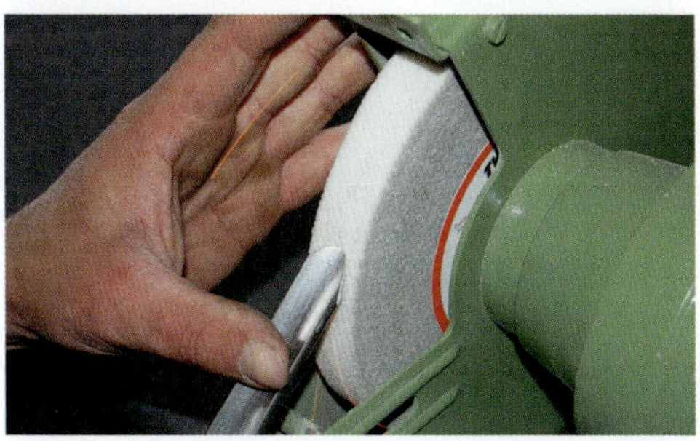

Abb. 7

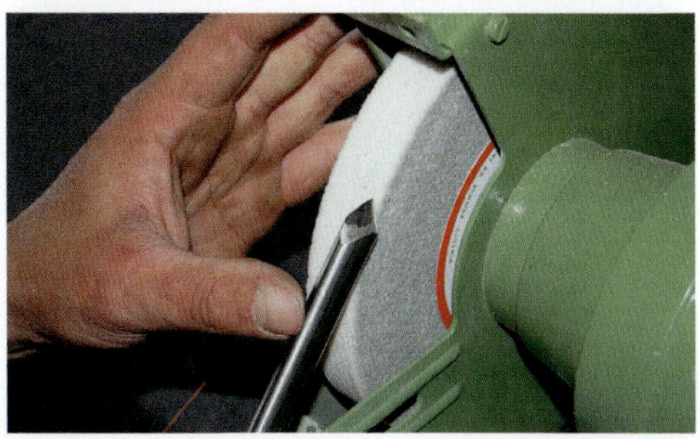

Abb. 8

führt. Auf diese Art werden abwechselnd beide Seiten der Röhre geschärft. **(Abb. 4–8)**

Auch bei dieser Technik ist ein fließender, gleichbleibender und automatisierter Arbeitstakt notwendig, um zum gewünschten Erfolg zu gelangen. Wichtig ist außerdem, dass das Werkzeug stets symmetrisch geschärft wird.

Abziehen der Drechselwerkzeuge

Das Abziehen von Drechselwerkzeugen erfolgt traditionell von Hand. Verwendet werden dazu flache Abziehsteine unter Zugabe von Öl oder Wasser. Grundsätzlich unterscheidet man zwischen Natursteinen, wie Belgischer Brocken, Gosauer Schleifstein oder Arkansasstein, und Kunststeinen. Letztere werden keramisch gebunden und bestehen aus Korund oder Siliziumcarbid. Während Kunststeine in den verschiedensten Körnungen erhältlich sind, ist die Körnung bei Natursteinen oft von der Natur vorgegeben und damit unveränderlich.

Verschiedene Abziehsteine

Belgischer Brocken

Der Belgische Brocken ist einer der berühmtesten Abziehsteine für den Nassschliff. Er wird nachweislich seit 1625 in den belgischen Ardennen abgebaut. Beim Belgischen Brocken handelt sich um ein 480 Millionen Jahre altes, graugelbes Sedimentgestein aus Vulkanasche, Ton und feinsten Granaten. Diese natürliche Mischung und die extreme Härte der Granate sorgen für die guten Schleifeigenschaften. Bei Verwendung dieses Steins entsteht außerdem kein bzw. wenig Grat, sondern nur eine Art Politur an der Oberfläche der Werkzeuge, die für eine langanhaltende Schärfe sorgt. Beim Grauen Brocken handelt es sich um eine weitere Spielart mittlerer Qualität. 1996 wurde noch eine blaue Abart des Belgischen Brockens entdeckt, die minimal gröber ist als die gelbe Variante.

Belgischer Brocken

Gosauer Schleifstein

Dieser Schleifstein, der seit dem 13. Jahrhundert abgebaut wird, hat seinen Ursprung im österreichischen Salzkammergut. Er besteht aus Urgestein, welches mit Kalk und Kreide gebunden ist, und kommt in Körnungen von 100 bis 1.500 vor. Aufgrund seines besonders scharfen Schleifkorns ist dieser Sandschleifstein zum Abziehen sehr gut geeignet.

Gosauer Schleifstein

Arkansasstein

Dieser Schleifstein besteht aus einem weißen oder schwarzen Quarzit und stammt aus Arkansas, USA. Der weiße Quarzit ist dabei weicher als der schwarze. Er weist eine Körnung von 6.000 bis 8.000 auf und wird in Öl oder Petroleum verwendet. Dank seiner extremen Härte nutzt er sich weit weniger ab als andere Natursteine.

Arkansasstein

Das Abziehen

Wenn Stein und Schneide gut zusammenarbeiten, bleibt der Stein auch lange scharf und plan. Nur so brechen nämlich die stumpf gewordenen Körner aus und machen neuen, schärferen Körnern Platz, wodurch auch der Materialabtrag zügig vorangeht. Abgetragenes Material ist an der Schwarzfärbung auf dem Abziehstein zu erkennen. **(Abb. 1)**

Beim Abziehen muss als Erstes der durch das Schärfen mit der Schleifscheibe entstandene Grat weggebrochen werden, bevor die Schneide aufpoliert wird, damit sie richtig scharf wird.

Der Drechsler beginnt stets an der Fase des Werkzeuges mit der Arbeit, wobei er im Gegensatz zum Tischler den Stein über das Eisen führt. Das geht am leichtesten, indem der Stahl in die linke Hand genommen wird, wobei das Werkzeugheft am Unterarm abgestützt wird. **(Abb. 2)**

Mit dem Abziehstein in der rechten Hand beginnt er nun, seine Schneide herzustellen.

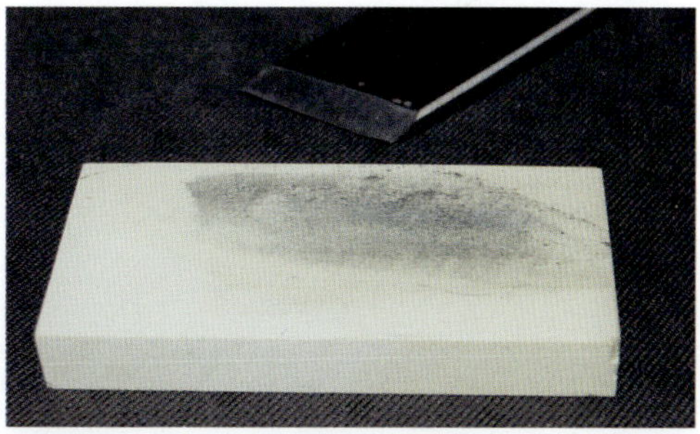

Abb. 1

Abb. 2

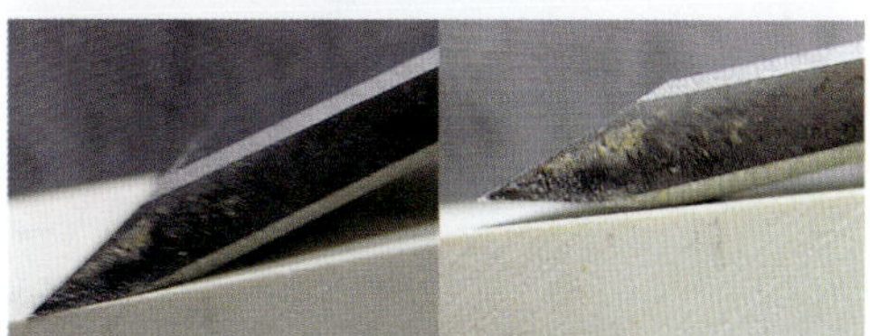

***Abb. 3:** RICHTIG (li.) und FALSCH (re.)*

Grundsätzlich beginnt der Drechsler stets mit einem groben Stein und arbeitet sich zu einem feinen vor. Wichtig ist dabei, dass der Stein immer satt an der Fase anliegt und mit mäßigem Druck gleichmäßig auf und ab bewegt wird. **(Abb. 3)**

Anschließend wird abwechselnd an Fase und Spiegel geschliffen, wodurch der Grat hin- und hergebogen wird. Dadurch wird er außerdem immer dünner, bis er schließlich abreißt.

Bei diesem Vorgang entstehen jedoch feine Eisenfäden vom Grat, die auf dem Stein liegen bleiben. Wenn man mit dem Werkzeug über diese Stellen schleift, wird die Schneide wieder rau und stumpf. Deshalb müssen die Eisenfäden und Eisensplitter stets konsequent abgewaschen werden.

Abb. 4

Beim Abziehen entsteht durch den abgeriebenen Schleifstein außerdem eine Art Paste, die einen besonders feinen Schliff bzw. fast eine Politur erzeugt.

Da die Steine beim Abziehen (besonders bei Röhren) mit der Zeit hohl werden, müssen sie von Zeit zu Zeit mit einem groben, plan aufliegenden Schleifpapier plangeschliffen werden.

Dazu kann auch eine Teller- oder Kantenschleifmaschine verwendet werden. Um den Verschleiß zu minimieren, sollte jeder Drechsler außerdem mehrere Abziehsteine besitzen, wobei eine Garnitur für gerade und die andere Garnitur für gerundete Werkzeuge verwendet wird. Für das Abziehen von Röhren und gerundeten Werkzeugen eignen sich beispielsweise Hohlmeißelsteine am besten. **(Abb. 4–6)**

Für gerade Werkzeuge wie Meißel und Schlichtstähle sind hingegen gerade Abziehsteine und Kombinationsschleifsteine zu bevorzugen.

Abb. 5

Abb. 6

Oberflächen-veredelung

Beizen

Lacke

Öle und Wachse

Geschliffene Oberflächen werden aus technischen und ästhetischen Gründen mit diversen Materialien behandelt. Durch eine geeignete Oberflächenveredelung kann beispielsweise ein Vergilben oder Vergrauen des Holzes verhindert werden. Auch die Strapazierfähigkeit und die Widerstandsfähigkeit gegen wechselnde Luftfeuchtigkeit und ein Eindringen und Haftenbleiben von Schmutz werden wesentlich erhöht. Behandelte Oberflächen sind außerdem besser vor chemischen (Säuren, Putzmittel, Alkohol) und physikalischen Einwirkungen (Kratzfestigkeit) von außen geschützt. Die Struktur und die Maserung des Holzes werden durch die verschiedenen Behandlungsarten unterschiedlich stark hervorgehoben. Auch farbliche Veränderungen und Anfeuerung stellen weitere optische Gründe der Ober-

Durch entsprechende Oberflächenbehandlung kann ein Vergilben oder Vergrauen des Holzes verhindert werden.

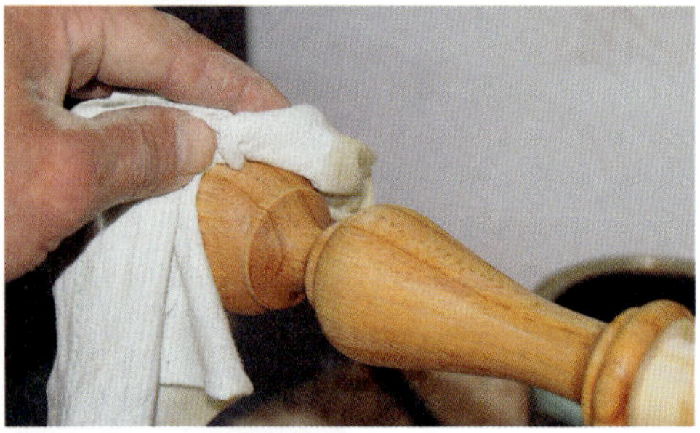

Harzreiche Hölzer sollten vor dem Beizen oder Lackieren mit Salmiak oder Alkohol entharzt werden.

flächenbehandlung dar. Drechsler verwenden vorwiegend Lacke, Beizen, Öle und Wachse zur Veredelung ihrer Werkstückoberflächen. Bevor ein Werkstück eine Veredelung bekommt, ist sicherzustellen, dass die Holzoberfläche sauber geschliffen ist (Korn 120 bis 240). Wenn nötig, kann vor der Behandlung gewässert werden, wodurch aufstehende Fasern und Farbunterschiede vermieden werden. Sehr harzreiche Hölzer, wie zum Beispiel Kiefer oder Lärche, sollten vor der Behandlung mit Salmiak und Alkohol entharzt werden. Dadurch wird eine gleichmäßige Feuchtigkeits- und Farbstoffaufnahme ermöglicht und ein späteres Austreten von Harz durch das Oberflächenmaterial wird so erfolgreich verhindert. Die Oberflächenbehandlung erfolgt entweder direkt an der Drechselbank bei gering rotierendem Werkstück oder im ausgespannten Zustand. Das ausgewählte Material wird in beiden Fällen mittels Pinsel, Lappen oder Spritzpistole aufgetragen.

Beizen

Beizen verändern den Farbton der Holzoberflächen und können dadurch die Maserung besser zur Geltung bringen. Sie versiegeln die Oberfläche jedoch nicht. Beim Beizen ist darauf zu achten, dass diese gut aufgerührt sind, um ein fleckiges Ergebnis zu vermeiden. Zudem müssen Beizen immer im kalten Zustand aufgetragen werden, wobei der Beizenüberschuss ständig entfernt wird. Da Hirnholz stärker saugt und dadurch mehr Beize aufnehmen kann, kann es je nach Holzart zu unterschiedlich großen Farbunterschieden kommen. Um das zu verhindern, kann das Werkstück vor dem Beizen gewässert werden. Auch das Vorbeizen mit verdünnter Beize wirkt Farbunterschieden entgegen. Die Trocknung von Beizen erfolgt stets schonend bei Raumtemperatur. Folgende Arten von Beizen stehen zur Verfügung:

- Farbstoffbeizen
- chemische Beizen
- pigmentierte Beizen

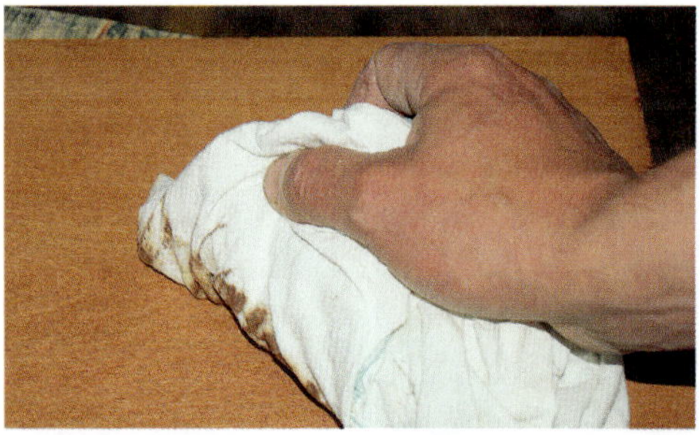

Beizüberschüsse werden mit einem Tuch entfernt.

Lacke

Lacke versiegeln die Oberfläche von Werkstücken vollständig, indem sie eine schützende Schicht darauf bilden. Folgende Lacksysteme stehen zur Verfügung:

- Nitro-Lacke
- säurehärtende Lacke
- Polyurethanlacke
- Kunstharzlacke
- Wasserlacke

Das Lackieren erfolgt meist mit einer Spritzpistole.

Die Wahl des Lacks erfolgt je nach Nutzung und Aufstellungsort des Werkstücks. Nitro-Lacke sollten beispielsweise nicht im Außenbereich zum Einsatz kommen, da sie nicht so wasser- und lichtbeständig sind.

Kunstharzlacke und auch säurehärtende Lacke sind meist viel widerstandsfähiger. Bei Polyurethanlacken ist zu beachten, dass diese häufig aus zwei Komponenten bestehen. Das heißt, der zu verarbeitende Lack muss zuerst im richtigen Verhältnis gemischt werden. Das jeweilige Mischungsverhältnis sowie die Viskosität und Topfzeit sind den Angaben des Herstellers zu entnehmen.

Bei Lacken wird auch nach unterschiedlichen Glanzgraden – G10 bis G 100 – unterschieden. Das Lackieren wird meist mit einer Spritzpistole durchgeführt. Zu beachten ist, dass zwischen dem Auftragen von Grund- und Decklack ein feiner Zwischenschliff zwingend erforderlich ist, damit die Deckschicht besser haften bleibt.

Öle und Wachse

In der Entwicklung von Holzveredelungsprodukten auf Basis von Öl und Wachs wurden im Lauf der Jahre große Fortschritte erzielt, sodass für viele Oberflächen Alternativen zum Lack zur Verfügung stehen. Die Oberflächenveredelung für Naturstoffe wie Holz mit Ölen oder Wachsen ist schon seit Jahrzehnten bekannt. Der Naturstoff Holz passt mit Ölen und Wachsen gut zusammen, da die natürlichen Eigenschaften des Holzes bei Behandlungen mit Ölen und Wachsen weitgehend erhalten bleiben. Ein Vorteil geölter und gewachster Oberflächen ist die weitgehende Schadstofffreiheit, wodurch sie sich positiv auf die Gesundheit der Menschen auswirken können. Die Diffusionsfähigkeit und Atmungsaktivität des Holzes wird durch diese Produkte außerdem kaum eingeschränkt. Dadurch ist auch eine geringe Restfeuchtigkeit des Holzes ohne Bedeutung.

Öle und Wachse bestehen meist aus mehreren Komponenten. Es existiert eine große Palette an verschiedenen Öl- und Wachstypen; einige bekannte sind:

- Saflor-Distelöl wird aus dem Samen der Distel gewonnen.
- Sojaöl entstammt der Sojabohne.
- Rizinusöl wird aus dem Fruchtsamen der Rizinusstaude gewonnen.

Verschiedene Öle und Wachse

- Leinöl wird durch Pressen des Leinölsamens gewonnen, eines der meist verwendeten Produkte am Markt. Es hat jedoch den Nachteil der langsamen Trocknung und des Vergilbens bei hellen Hölzern.
- Carnaubawachs ist eines der härtesten Naturwachse. Dieses Pflanzenwachs wird aus einer palmenartigen Pflanze hergestellt.
- Candelillawachs wird aus einem kaktusartigen Grasgewächs hergestellt.
- Bienenwachs.
- Schellackwachs besteht aus den Ausscheidungssekreten der Wachsschildlaus.
- Paraffinwachse sind fossile Wachse.

Auftragen von Öl mittels Pinsel

Überschüssiges Material wird abgewischt.

Grundsätzlich gelten für jedes dieser Oberflächenmaterialien die gleichen **Grundsätze**:

- Herstellerangaben und Merkblätter beachten
- Oberflächenmuster anfertigen
- Verarbeitungstemperatur beachten
- auf sauber vorbereitete Holzoberflächen achten
- gereinigte Werkzeuge verwenden
- richtiges Mischungsverhältnis beachten
- richtige Viskosität beachten
- Achtung bei älteren Materialien

Das Werkstück muss stets sauber geschliffen, staubfrei und fettfrei sein. Der Holzschliff erfolgt mit Schleifpapier der Körnung 150 bis 180. Vor Gebrauch sind Öle sorgfältig aufzurühren. Der Auftrag kann mittels Spritzpistole, Pinsel, Lappen oder Schwamm erfolgen, dabei sollte das Oberflächenmaterial sowie auch das Werkstück Zimmertemperatur haben.

Überschüssiges Material muss abgewischt werden. Der Auftrag erfolgt je nach Saugfähigkeit des Holzes zwei- bis dreimal, wobei nach jedem Mal eine Trockenzeit von ca. 12 Stunden einzuhalten ist. Die Trockenzeiten können je nach Produkt variieren. Die genaue Trockenzeit ist den einzelnen Merkblättern zu entnehmen. Als Grundsatz gilt, lieber länger trocknen als zu kurz.

Das Öl oder Wachs dringt nach dem Anstrich in die obersten Schichten des Holzes ein und kristallisiert nach der Trocknung. Dadurch wird die Oberfläche sehr widerstandsfähig gegen Einwirkungen jeglicher Art, wie zum Beispiel Feuchtigkeit und Verschmutzung. Vor dem erneuten Anstrich wird das Werkstück mit einem Schleifpapier oder einem Schleifvlies zwischengeschliffen, um die durch die Feuchtigkeit des Öles aufgestellten Fasern zu glätten.

Die Körnung des Schleifmittels sollte 220 bis 240 betragen. Nach der Trocknung des letzten Auftrags kann die Oberfläche zusätzlich mit einem Leinentuch aufpoliert werden.

Die gebrauchten Arbeitsgeräte können mit Terpentinöl ausgewaschen werden. Da öl- und wachsgetränkte Lappen sich selbst entzünden können, ist bei diesen Oberflächenmaterialien besondere Vorsicht geboten. Die getränkten Lappen müssen unbedingt in einem geschlossenen Metallbehälter entsorgt oder im Außenbereich luftig aufgehängt werden.

Oberflächenbehandlungen, egal welcher Art, können ein Werkstück erheblich veredeln. Daher darf gerade am Zeitaufwand bei der Oberflächentechnik nicht gespart werden. Der gute Handwerker wird sein gefertigtes Werkstück stets mit Sorgfalt und Mühe mit den geeigneten Oberflächenmaterialien behandeln.

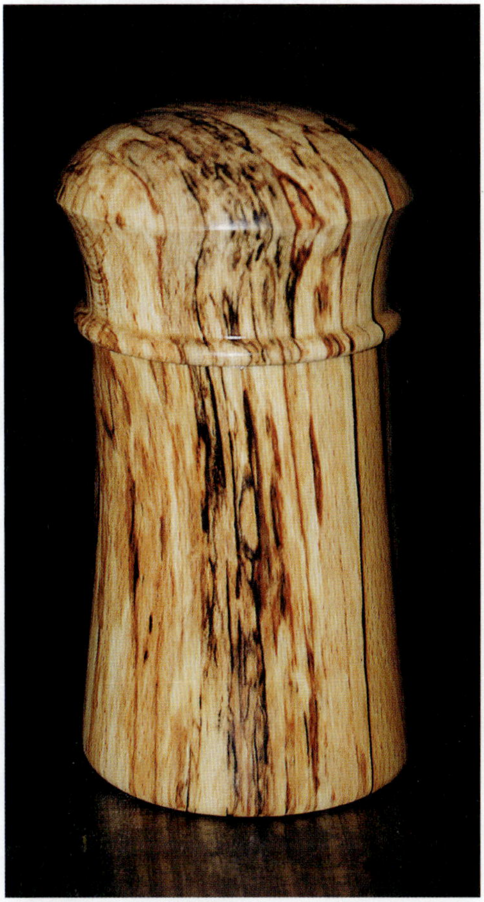

Ein durch Oberflächenbehandlung veredeltes Werkstück

Eine Auswahl an Grünholz-Werkstücken – lassen Sie sich inspirieren!

Von Sigmund Linortner, Strobl am Wolfgangsee

Nachsatz

Es ist noch kein Meister vom Himmel gefallen, und wenn, dann hat er es nicht überlebt. Das Erlernen handwerklicher Fertigkeiten erfordert viel Geduld und Zeit. Nur durch ständige Arbeit und das Sammeln diverser Erfahrungen kann diese Fähigkeit wachsen. Es kann sein, dass dem einen oder anderen durch seine Begabung dieser Lernprozess erleichtert oder verkürzt wird, wichtig jedoch ist, dass man Freude an der Arbeit hat. Nicht immer ist ein perfektes Werkstück notwendig, um befriedigt zu sein, vielmehr ist es oft das Tun selbst, das zur Erlangung der inneren Ruhe und Entspanntheit beiträgt.

Ich habe mit diesem Buch versucht, den Drechslerinnen und Drechslern die vielseitigen Möglichkeiten der Nassholzdrechslerei näherzubringen. Sollte das eine oder andere Werkstück nicht auf Anhieb gelingen, appelliere ich an die Geduld jedes Einzelnen sowie an die Motivation, sich aufzuraffen und neue Versuche zu starten. Durch die Anzahl der gesammelten Erfahrungen und die begangenen Fehler führt jede Arbeit irgendwann zum Erfolg.

Zum Schluss möchte ich mich noch bei Herrn Martin Gschwandtner von den Österreichischen Bundesforsten für seine Unterstützung bedanken.

Ein besonderer Dank gilt Herrn Sigmund Linortner für das bereitgestellte Fotomaterial.

Anhang

Begriffsbestimmungen

Abrichten	Herstellen planer Flächen
Abziehen	Entfernen des Schleifgrates nach dem Schleifen
Aufspannen	Befestigen des Werkstückes an der Drehbankspindel
Aufspanntechnik	Befestigungstechnik für Werkstücke auf Schablonen, Arbeitsspindeln und Bearbeitungsflächen (mechanisch, pneumatisch oder hydraulisch)
Ein- und Ausrisse	Absplitterungen von Holzfasern
Fase	Abgeschrägte Kante
Fliegend drechseln	Drechseln ohne Reitstock
Haselfichte	Gebirgsfichte mit sehr engen, gefalteten Jahresringen – Klangholz
Hirnholz	Quer zur Faser liegende Schnittfläche
Hohlkehle	Flache oder halbrunde rinnenförmige Vertiefung
Hohlschliff	Entsteht durch die Rundung der Schleifscheibe
Kantel	Hölzer von quadratischem Querschnitt
Karnies	S-förmige Profilform
Keilwinkel	Schneidenwinkel, Winkel zwischen Spiegel- und Fasenfläche
Kern	Zentraler Holzteil im stehenden Stamm
Längsholz	Nach Faserverlauf

Nachdunkeln	Verfärbungen durch (UV-)Licht
Plan drechseln	Drechseln einer ebenen Fläche im rechten Winkel zur Drehachse
Querholz	Quer zum Faserverlauf
Rundstab	Gedrechselte Form mit halbkreisförmigem Querschnitt
Schlichten	Glätten der Holzoberfläche nach dem Schruppen
Schneiden-geometrie	Winkelverhältnisse an einer Werkzeugschneide
Schruppen	Grobes Überdrehen der Bearbeitungsfläche
Spitzstab	Zwei schräge Flächen bilden eine spitze Kante
Splint	Heller Ring zwischen Rinde und Kernholz
Stechen	Herstellen von Vertiefungen
Stirnfläche	Hirnholz
Terpentinöl	Alternatives Löse- oder Verdünnungsmittel, hergestellt aus Erdöl
Vergrauen	Eintretende Graufärbung der Holzoberfläche durch Verwitterung
Werkzeugheft	Werkzeuggriff

Literaturnachweis

KÖNIG, F.; STRUBER, G.; HASENBICHLER, J.: Tischler Werkstoffe, 5. Auflage, Österreichischer Gewerbeverlag, Wien 1998
KLEMPE, K.: Holzschädlinge, Verlag Bauwesen, Berlin 2001
KNUCHEL, H.: Holzfehler, Verlag Th. Schäfer, Hannover 1995

Weitere Quellen

Fa. Complex Farben Josef Schellhorn GmbH A-6334 Schwoich
Holzabsatzfonds D-53175 Bonn
Europa Lehrmittel
Christoph Richter